Kesselspeiseeinrichtungen

Kraftwerksbetrieb

Eine Schriftenreihe für den Betriebsmann

Herausgegeben von Professor Dr.-Ing. Otto Schöne, Berlin

3. Heft

Kesselspeiseeinrichtungen

Hauptbearbeiter

Professor Dr.-Ing. Otto Schöne

o. Professor an der Technischen Universität
Berlin-Charlottenburg

Mit 18 Abbildungen

Springer-Verlag Berlin Heidelberg GmbH

ISBN 978-3-540-01558-1   ISBN 978-3-662-00915-4 (eBook)
DOI 10.1007/978-3-662-00915-4

Vorwort.

Unter dem Titel „Kraftwerksbetrieb" soll eine Reihe von Einzelheften für den Kraftwerksbetriebsmann erscheinen. Es war zuerst daran gedacht worden, die Einzelhefte, von denen jedes einen Teil des Kraftwerksbetriebes behandelt, in einem Buch zu vereinigen, doch war es unmöglich, sämtliche Teile zu einem festgelegten Zeitpunkt fertigzustellen. Sie werden deshalb nach und nach in Einzelheften herausgegeben werden. Das hat auch den Vorteil, erforderliche Abänderungen schneller berücksichtigen zu können, als es in einem umfangreichen Buch möglich ist. Die Schriftenreihe sollte eine Gemeinschaftsarbeit aller bekannten und erfahrenen Kraftwerksbetriebsleiter Deutschlands werden. Leider war es nur möglich, eine verhältnismäßig kleine Zahl von ihnen dazu zu bringen, ihre Erfahrungen mitzuteilen, den Text durchzusehen und geeignete Abänderungen oder Zusätze vorzuschlagen. Das lag an der Arbeitsüberlastung sämtlicher Kraftwerksbetriebsleiter in den Jahren nach dem Kriege. Um so mehr schulde ich den Herren Dank, die es trotz ihrer großen Arbeitsbelastung fertiggebracht haben, Unterlagen zu übersenden bzw. Zusätze zu einzelnen Punkten vorzuschlagen.

Behandelt wird vor allem der Betrieb von Hochdruckdampfkraftwerken. Darunter werden Dampfkraftwerke mit Kesselgenehmigungsdrücken über 80 atü angesehen. Aber auch für den Betrieb von Dampfkraftwerken mit niedrigeren Drücken werden die einzelnen Hefte eine wertvolle Stütze sein. Ihr Text ist auch auf diese Kraftwerke zugeschnitten. Verschiedene Anlagenteile von Dampfkraftwerken haben im übrigen mit der Höhe des Dampfdruckes nichts zu tun.

Der Gedanke, ein Buch für den Kraftwerksbetrieb zu schreiben, ist schon vor mehr als 10 Jahren entstanden. Die Ausführung dieses Gedankens mußte aber leider immer wieder verschoben werden. Jetzt erscheint es zweckmäßig und notwendig, die Schriftenreihe über Kraftwerksbetrieb bald nacheinander erscheinen zu lassen, um die Erfahrungen der Generation, die die große Entwicklung der Dampfkraftwerke in den letzten Jahrzehnten mitgemacht hat, der nächsten Generation zu vermitteln.

Ich bin mir bewußt, daß die vorliegende Fassung noch erweiterungsfähig und in einzelnen Punkten ergänzungsbedürftig sein wird. Es kann aber nicht jede Einzelerfahrung verarbeitet werden, weil dadurch der Umfang der Hefte zu groß wird und dann die Übersichtlichkeit leidet. Im übrigen stützen sich alle Angaben auf Erfahrungen, die die Mitarbeiter und ich im Laufe ihrer jahrzehntelangen Tätigkeit in Dampfkraftwerken sammelten. Für Verbesserungs- und Ergänzungsvorschläge bin ich sehr dankbar. Wenn sich diese Vorschläge mit den Erfahrungen in anderen Dampfkraftwerken decken, so werden sie in der nächsten Auflage verarbeitet.

Es ist besonderer Wert darauf gelegt worden, Schrifttumshinweise auf das unbedingt erforderliche Mindestmaß zu beschränken. Die Hefte der Schriftenreihe sollen alle hauptsächlichen Angaben für den Kraftwerksbetrieb enthalten und den Benutzer von dem lästigen und zeitraubenden Suchen und Nachlesen von Aufsätzen frei machen.

Die Schriftenreihe wird in folgenden Heften erscheinen:

1. Organisation und Betriebseinsatz von Dampfkraftwerken.
2. Kesselbetrieb.
3. Kesselspeiseeinrichtungen.
4. Turbinenbetrieb und Kondensationsanlagen.
5. Hilfsmaschinen, Wärmeaustauscher, Speicher, Hilfs- und Nebenanlagen, Gebäude-, Grundstücksunterhaltung.
6. Rohrleitungen.
7. Speisewasser-, Öl- und Fettwirtschaft.
8. Wärmetechnische Überwachung und Regelung, Meßmethoden, Analysen und Betriebsversuche.
9. Elektrische Kraftwerkseinrichtungen.

Ich hoffe, daß die Schriftenreihe, von denen zuerst das vorliegende 3. Heft fertiggestellt ist, allen in Dampfkraftwerken tätigen Ingenieuren eine gute Hilfe sein wird.

Berlin-Nikolassee, im Dezember 1950

Otto Schöne.

Verzeichnis der Mitarbeiter des 3. Heftes
„Kesselspeiseeinrichtungen".

1. Dipl.-Ing. E. R. BECKER, Kraftwerk Harbke.
2. Direktor Dipl.-Ing. FRIEDRICH BIENEN, Wolfen Filmfabrik.
3. Betriebsdirektor HANS DIERKS, Kraftwerk Zschornewitz.
4. Direktor Dr.-Ing. RUDOLF DÖRING, Nachterstedt, Haldenstr. 26.
5. Betriebsdirektor Dipl.-Ing. W. ELLRICH, Bewag-Berlin.
6. Dr. WALTER GEISLER, Frankfurt a. M.-Höchst.
7. Direktor PAUL GRASME, Berlin-Spandau, Seegefelder Str. 133.
8. Generaldirektor Dipl.-Ing. FRIEDRICH GROPP, Berlin-Charlottenburg 9, Bayern-allee 47.
9. Kraftwerksleiter ARTUR HEINZELMANN, Volkswagenkraftwerk, Wolfsburg.
10. Direktor Dipl.-Ing. ERNST HEY, Kraftwerk Magdeburg.
11. Dipl.-Ing. PAUL NEITZEL, Berlin-Siemensstadt, Natalissteig 4.
12. Dr.-Ing. HERBERT QUEISSER, Berlin-Siemensstadt, Im Heidewinkel 32.
13. Obering. Dipl.-Ing. PAUL REINECKE, Kraftwerk Bitterfeld.
14. Dr.-Ing. WALTHER SIMON, Leipzig, Rittergutsstr. 1.
15. Obering. Dipl.-Ing. CARL SPEIDEL, Frankfurt a. M.-Höchst, Adolf-Häuser-Str. 14.
16. Abteilungsdirektor Dipl.-Ing. MAX STEGEMANN, Hamburg, Hamburgische Elektrizitätswerke.
17. Obering. Dr.-Ing. ERICH TANNER, Gewerkschaft Auguste Victoria, Marl-Hüls i. W.
18. Obering. Dipl.-Ing. KARL WÄLDER und Obering. Dipl.-Ing. LUDWIG WOLF, Kraftwerke Leunawerk.
19. Direktor GEORG WEYLAND, Firma Klein, Schanzlin und Becker, Frankenthal/Pfalz.

Angaben über Hochdruckkolbenpumpen zur Kesselspeisung erfolgten durch die Firma Balcke, Maschinenfabrik A.-G., Frankenthal/Pfalz.

Inhaltsverzeichnis.

I. Allgemeine Anforderungen, gesetzliche Vorschriften, Forderungen des Betriebes an Konstruktion, Werkstoff und Montage.

1. Berechnung des Leistungsbedarfs einer Kesselspeisepumpe an der Kupplung

$$N = \frac{QH}{36{,}7\,\eta\,\gamma}\ \text{kW} \quad \text{oder} \quad N = \frac{QH}{27\,\eta\,\gamma}\,\text{PS}$$

Hierin ist

$Q =$ zu fördernde Wassermenge in t/h,

$H =$ Druck am Pumpenaustrittsstutzen abzüglich Druck am Pumpeneintrittsstutzen in kg/cm² oder at. Es ist H in at $= H$ in Metern mal γ mal 0,1.

$\eta =$ der Gesamtwirkungsgrad der Pumpe bis zur Kupplung (als Dezimalbruch, nicht in Prozent einsetzen).

$\gamma =$ spezifisches Gewicht des Wassers in kg/dm³.

Je höher die Wassertemperatur ist, desto kleiner wird das spezifische Wassergewicht. Dementsprechend steigt der Leistungsbedarf N der Pumpe bei gleichbleibender Fördermenge in t/h. Es ist

$$Q \ \text{in}\ \frac{\text{t}}{\text{h}} = Q \ \text{in}\ \frac{\text{m}^3}{\text{h}} \cdot \gamma$$

2. Die **Förderhöhe** ist in der Neufassung der gesetzlichen Bestimmungen vom 11. 11. 1944 (s. 3)[1] festgelegt. Hiernach müssen die Speisevorrichtungen imstande sein, die benötigte Speisewassermenge gegen das 1,1fache der festgesetzten höchsten Dampfspannung der Kesselanlage oder des Genehmigungsdruckes (höchstzulässige Dampfspannung beim Abblasen der Sicherheitsventile) zuzüglich der Widerstände zwischen Speisepumpe und Kessel zu fördern. Die sich nach dieser Bestimmung ergebende Förderhöhe ist reichlich hoch, weil der Betriebsdruck der Kesselanlage im all-

---

[1] Die im Text in eckigen Klammern enthaltenen Ziffern beziehen sich auf das Schrifttumsverzeichnis am Schluß des Buches. Die in runden Klammern hinter „s" = „siehe" enthaltenen Zahlen beziehen sich auf die mit den gleichen Nummern versehenen Abschnitte.

gemeinen 5% unter dem Genehmigungsdruck liegt. Nur bei plötzlichem Aufhören der Dampfentnahme aus den Kesseln kann der
Betriebsdruck bis zum Genehmigungsdruck ansteigen. Dann sind
aber die Fördermengen und damit die Widerstände der Druckleitung klein und der Förderdruck von Kreiselpumpen steigt nach
ihren Kennlinien (s. 19) an. Bei der Berechnung der Widerstände
der Druckleitung zwischen Speisepumpe und Kessel sollen deshalb
keine hohen Sicherheitszuschläge gemacht werden, damit die Förderhöhe bei der Pumpenbestellung nicht unnötig groß angegeben wird,
da sonst drehzahlgeregelte Kreiselpumpen immer unterhalb der
Drehzahl arbeiten, für die sie gebaut sind und der Enddruck bei
Kreiselpumpen mit konstanter Drehzahl auch schon bei Kessel-
höchstlast gedrosselt werden muß (s. 19, 20). In beiden Fällen verschlechtern sich die Strömungsverhältnisse innerhalb der Kreiselpumpe, weil Wasserwirbel auftreten, die bei längerem Betriebe zu
Schäden Veranlassung geben können (s. 37, 84). Für die Berechnung
der Förderhöhe von Speisepumpen für Zwangdurchlaufkessel ist
der gesamte Widerstand des Kessels zu berücksichtigen, d. h. vom
Speiseventil bis zum Dampfentnahmeventil. Als Genehmigungsdruck für Zwangsdurchlaufkessel gilt der 1,1 fache Betrag des plan-
mäßig vorgesehenen Dampfdruckes beim Austritt aus dem Über-
hitzer (s. a. 11).

   3. Größe und Zahl der Kesselspeisevorrichtungen ergeben sich
nach den „Allgemeinen polizeilichen Bestimmungen über die
Anlegung von Landdampfkesseln vom 17. 12. 1908" [1] und
den späteren Nachträgen. Sie besagen in gekürzter Fassung folgendes:

   „Jeder Dampfkessel muß mit mindestens zwei zuverlässigen Speisevorrichtungen
versehen sein, die nicht von derselben Energiequelle abhängen. Mehrere zu einem
Betriebe vereinigte Dampfkessel werden hierbei als ein Kessel angesehen. Jede
Speisevorrichtung muß imstande sein, dem Kessel das 1,6 fache der Wassermenge
zuzuführen, die seiner normalen Verdampfungsfähigkeit (d. h. dem 0,8 fachen der
höchsten Dauerleistung) entspricht.
   Werden drei Speisevorrichtungen verwendet, so gilt die vorgeschriebene
Leistungsfähigkeit als erfüllt, wenn ein Zusammenwirken von je zwei Speisevorrichtungen möglich ist und je zwei zusammen die vorgeschriebene Leistung ergeben. Dasselbe gilt sinngemäß bei Anordnung von mehr als drei Speisevorrichtungen."

   Es empfiehlt sich stets der Einbau von mindestens drei Speisepumpen, weil dann lediglich eine Speisepumpe in Betrieb zu sein
braucht, die nur für die für den Kesselbetrieb erforderliche Wassermenge auszulegen ist. Damit ergeben sich bei Kreiselpumpenbetrieb
wesentlich günstigere Betriebsverhältnisse (s. 19, 20, 37). Außerdem steht eine größere Pumpenreserve zur Verfügung.

Am 11. 11. 1944 erschien eine Neufassung der Bestimmungen [2], die aber wegen der Kriegsereignisse nicht mehr in Kraft gesetzt werden konnte. Sie kann jedoch auf Antrag für bestehende Anlagen und für Neubauten angewendet werden. Die Neufassung besagt in gekürzter aber sinngemäßer Form folgendes:

„Jede Kesselanlage muß mit mindestens zwei Speisevorrichtungen versehen sein.

Sind nur zwei Speisevorrichtungen vorhanden, so muß jede das 1,25fache der benötigten Speisewassermenge liefern können, die gleich der höchsten Dauerleistung (s. DIN 2901) aller angeschlossenen Kessel ist. Als angeschlossene Kessel gelten auch die in Reserve stehenden Kessel, sofern sie nicht abgemeldet sind. Im Faktor 1,25 ist eine Abschlämmenge von 5% eingerechnet. Größere Rückführ- oder Abschlämmengen sind zur vorstehend angegebenen Speisewassermenge zuzuschlagen. Sind mehr als zwei Speisevorrichtungen vorhanden, so müssen bei Ausfall der Speisevorrichtung mit der größten Leistung die übrigen noch betriebsbereiten Speisevorrichtungen gemeinsam das 1,25fache der benötigten Speisewassermenge liefern können.“

Zum Antrieb der Speisevorrichtungen müssen mindestens zwei voneinander unabhängige Energiequellen zur Verfügung stehen. Dampfantrieb aller Speisevorrichtungen aus nur einem Dampfnetz ist jedoch zulässig. Sowohl für Dampf als auch für elektrischen Strom genügt je eine Zuleitung zu den Antriebsmaschinen der Pumpen.

Der Anschluß der Speisevorrichtungen an die vorhandenen Energiequellen muß bei elektrischem und gemischtem (Dampf- und elektrischem) Antrieb derart erfolgen, daß bei Ausfall einer Energiequelle die noch betriebsbereiten Speisevorrichtungen mindestens das 1,25fache der benötigten Speisewassermenge in gemeinsamer Wirkung liefern können. Als betriebsbereit gelten hierbei auch diejenigen Speisevorrichtungen, die nach etwa erfolgtem Ausfall durch Umschalten auf eine andere Energiequelle wieder in Betrieb gesetzt werden können.

Abb. 1 gibt Speisepumpen-Anordnungen, die bei Dampf-, elektrischem und gemischtem Antrieb zulässig sind [2].

4. Der günstigste Betriebspunkt von Kreiselpumpen soll nicht bei der Pumpenhöchstleistung liegen, weil sie nur selten damit arbeiten. Es empfiehlt sich, ihn etwa 5% über die normale Dampfleistung der Kessel zu legen. Der Zuschlag von 5% ist für Laufradabnutzungen eingesetzt. Der Wirkungsgrad der Kreiselpumpen fällt vom günstigsten Betriebspunkt aus nach beiden Seiten zu ab.

Bei gleichzeitigem Betrieb mehrerer Speisepumpen legt man den günstigsten Betriebspunkt jeder Pumpe etwa 5% über den Anteil der Förderleistung der Einzelpumpe an der normalen Gesamtförderleistung.

5. Für die **Speisung von Zwangdurchlaufkesseln** ist folgende Sonderbestimmung erlassen worden, die im RWM-Blatt 1944, S. 94, unter III G 9599/43 vom 28. 3. 1944 veröffentlicht ist:

„Sind nur zwei Speisevorrichtungen vorhanden, so muß jede imstande sein, die Speisewassermenge zu fördern, die der höchsten Dampfdauerleistung entspricht. Sind mehr als zwei Speisevorrichtungen vorhanden, so müssen bei Ausfall der Speisevorrichtung mit der größten Leistung die übrigen in gemeinsamer Wirkung mindestens die Speisewassermenge liefern können, die der höchsten Dampfdauerleistung entspricht. Dabei muß gegebenenfalls die Rücklaufwassermenge berücksichtigt werden."

Eine Steigerung der Pumpenförderleistung über die in dieser Bestimmung angegebene ist für Zwangdurchlaufkessel nicht notwendig, weil wegen des Fehlens der Kesseltrommeln das Auffüllen eines abgesunkenen Wasserstandes nicht in Frage kommt und jeder abgegebenen Dampfgewichtsmenge eine gleich große geförderte Wassergewichtsmenge entspricht.

6. Die **Größe der einzelnen Speisevorrichtungen** hängt von der Betriebsweise der zu versorgenden Kesselanlage und des Kraftwerks ab. Bei Hochdruckkraftwerken sollen die Speisepumpen einen besonders hohen Wirkungsgrad haben, weil hier ihr Arbeitsbedarf einen wesentlich höheren Anteil der erzeugten Strommenge erfordert als bei Niederdruckanlagen. Deshalb sind möglichst große Einheiten zu wählen, weil Pumpen mit großer Förderleistung bessere Wirkungsgrade haben als Pumpen mit kleiner Förderleistung bei gleicher Förderhöhe (s. 12).

In Kraftwerken mit stärkeren Lastschwankungen muß sich die Zahl der in Betrieb befindlichen Speisepumpen den Lastschwankungen möglichst gut anpassen. Bei häufigem Schwachlastbetrieb empfiehlt sich die zusätzliche Aufstellung einer entsprechend kleineren Speisepumpe.

Anzustreben ist der Einbau gleich großer Speisepumpen von gleicher Bauart, um die Zahl der in Reserve zu haltenden Einzelteile klein zu halten.

7. Kreiselpumpen werden wegen ihres geringen Platzbedarfs, ihres erschütterungsfreien Laufes und ihrer einfachen Bedienung als Kesselspeisepumpen fast durchweg verwendet. Sie werden für größte Leistungen bis zu den höchsten im Kraftwerksbetrieb vorkommenden Drücken gebaut.

8. Kolbenpumpen werden bisher nur für kleine Fördermengen und für niedrige und mittlere Drücke als Kesselspeisepumpen verwendet. Sie haben einen besseren Wirkungsgrad als Kreiselpumpen, und ihre Fördermenge läßt sich leicht und nahezu verlustlos regeln. Aus diesen Gründen ist ihr Einbau auch für Hochdruckdampfkraftwerke zum Speisen von Zwangdurchlaufkesseln in Erwägung

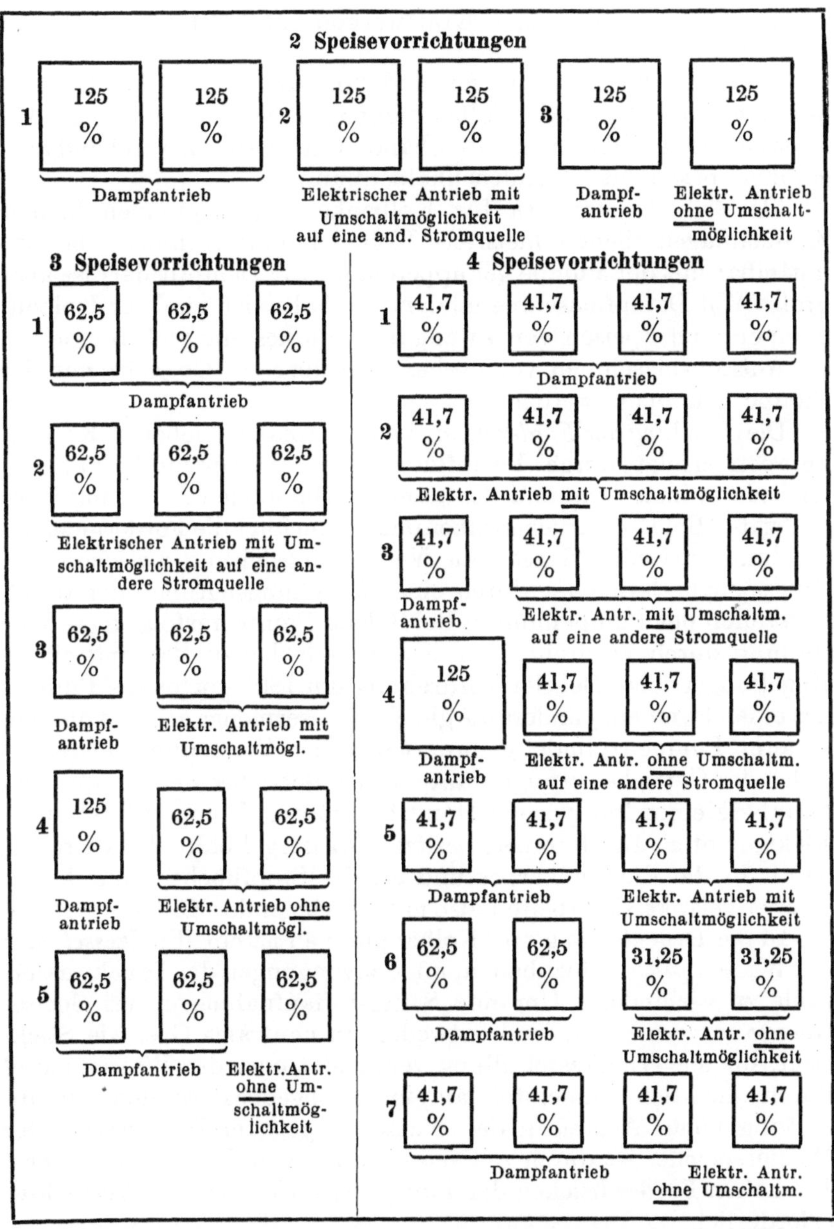

Abb. 1. Grundsätzliche Anordnung mehrerer Speisevorrichtungen bei Dampf- und elektrischem Antrieb gemäß § 4 der ApB für Land- und Schiffsdampfkessel in der Fassung vom 11. 11. 1944. In der Abbildung sind stets die Mindestleistungen angegeben, die bei der betreffenden Anordnung erforderlich sind. Die in % angegebenen Leistungen beziehen sich auf die höchste Dampfdauerleistung der angeschlossenen Kessel. Falls bei elektrischem Antrieb Umschaltmöglichkeit vorgesehen ist, hängt die Zahl der umschaltbar anzuordnenden Speisevorrichtungen von der jeweiligen Leistung der elektrischen Pumpen ab [2].

gezogen worden. In einigen Kraftwerken mit Löffler-Kesseln sind sie bereits eingebaut.

Für große Förderleistungen und Förderhöhen werden Kolbenpumpen teuer. Liegende Kolbenpumpen haben auch einen großen Platzbedarf. Ist Platzmangel vorhanden, so werden sie stehend ausgeführt, besonders Hochdruckkolbenpumpen.

Als *Antriebsmaschinen* für Kolbenkesselspeisepumpen kleiner Kesselanlagen dienen meistens Kolbendampfmaschinen, die unmittelbar mit der Pumpe gekuppelt sind. Ihr Dampfbedarf ist aber groß. Weil Dampfmaschinenabdampf ölhaltig ist, sind für Kolbenpumpen zum Speisen von Zwangdurchlaufkesseln Elektromotoren als Antriebsmaschinen vorzusehen, die über ein Getriebe mit der Pumpe gekuppelt werden.

Die *Regelung der Fördermenge* von dampfangetriebenen Kolbenpumpen erfolgt durch Beeinflussung der Dampfzufuhr zur Antriebsdampfmaschine und der damit verbundenen Änderung ihrer Hubzahl. Bei Hochdruck-Kolbenpumpen erfolgt die Fördermengenregelung entweder durch eine Verbindungsleitung zwischen den Pumpenzylindern oder durch eine Umgehungsleitung oder durch Verstellen des Pumpenhubes. Bei Balcke-Pumpen erfolgt diese Verstellung durch Verdrehen der Kurbelwelle bis zu 180° mit einem Kegelradgetriebe. Bei der Verdrehung um 180° saugen die Plunger des einen Pumpenzylinders die gleiche Wassermenge an, die von dem anderen Pumpenzylinder gefördert wird. Die Verstellung der Kegelräder des Getriebes erfolgt während des Betriebes der Pumpe, und zwar bei kleinen Pumpen von Hand, bei größeren Pumpen durch einen Elektromotor. Die Pumpen besitzen wassergekühlte Pendelrohre, damit in die Pumpenkörper und an die Stopfbuchsen nur kaltes Wasser gelangt, sie arbeiten also mit schwingender Kaltwassersäule.

In die Druckleitung von Kolbenpumpen ist ein *Windkessel* oder ein *Wasserspeicher* einzubauen, um Schwingungen der Druckwassersäule zu verhindern. Um eine Sauerstoffaufnahme in das Speisewasser zu vermeiden, muß entweder ein neutrales Gas, wie Stickstoff, für die Windkesselfüllung verwendet oder der Wasserspiegel durch einen Schwimmerstoßdämpfer [3] abgedeckt werden. Ein unzulässig hohes Ansteigen des Wasserspiegels im Windkessel oder Wasserspeicher ist durch zeitweise Zufuhr von Gas zu verhindern. Bei hohen Förderdrücken der Pumpe ist dafür evtl. ein Verdichter erforderlich.

9. Für den **Antrieb von Kreiselpumpen** kommen Dampfturbinen und Elektromotoren in Betracht. Wenn der Abdampf der Turbinen untergebracht werden kann, so sind diese als Antriebsmaschinen zu bevorzugen, weil Turbopumpen den großen Vorteil der leichten

Regelbarkeit auf alle Fördermengen ohne Drosselung des Pumpenenddruckes haben (s. 19, 20). Einstufige Turbinen lassen sich schnell anfahren, haben aber niedrige Gütegrade, also einen hohen Dampfverbrauch. Mehrstufige Turbinen haben wesentlich bessere Gütegrade. Sie sind aber vor dem Anfahren anzuwärmen und daher nicht sofort betriebsbereit.

Jede Antriebsdampfturbine muß mit einem Drehzahlregler (Fliehkraftregler) und einer Schnellschlußvorrichtung versehen sein. Der Drehzahlregler erhält den Regelimpuls meistens von dem Druckunterschied zwischen dem Wasserdruck im Pumpenaustrittsstutzen und dem in den Kesselobertrommeln herrschenden Dampfdruck (s. 19). Dieser Druckunterschied wird konstant gehalten. Die Schnellschlußvorrichtung darf durch diese Regelung nicht unwirksam gemacht werden.

Für den Antrieb der Kesselspeisepumpen durch Dampfturbinen in Hochdruckkraftwerken ist der Rückgang des Dampfdruckes im Falle einer Kesselstörung zu beachten, wenn der Dampfverbrauch der Kraftwerksturbinen nicht sofort der verminderten Dampferzeugung angepaßt werden kann. Besonders bei Zwangdurchlaufkesselanlagen bricht in diesem Falle der Dampfdruck schlagartig zusammen. Dann steht unter Umständen auch für den Betrieb der Kesselspeisepumpen-Antriebsturbinen kein Dampf zur Verfügung.

10. Mit Elektromotoren angetriebene Kreisel-Kesselspeisepumpen fördern wegen ihrer konstanten Drehzahl auf einen Enddruck, der sich bei verschiedenen Fördermengen aus der Kennlinie der Pumpe (s. 19) ergibt. Durch ein in die Druckleitung hinter dem Pumpenaustrittsstutzen eingebautes Drosselorgan muß der Pumpenenddruck auf einen Druck herabgesetzt werden, der sich aus Abb. 6 ergibt. Um dieses einem starken Verschleiß unterworfene Drosselorgan zu vermeiden, werden auch drehzahlgeregelte Elektromotoren verwendet. Sie sind aber wesentlich teurer und nicht so betriebssicher wie nichtdrehzahlgeregelte Elektromotoren.

Für den elektrischen Antrieb der Kesselspeisepumpen werden fast durchweg Kurzschlußläufermotoren verwendet.

Der Elektromotor hat Dampfturbinen gegenüber den Vorteil der geringeren Wartung und Unterhaltung und ist stets anfahrbereit, wenn Strom vorhanden ist. Um ihn von Störungen im elektrischen Teil des Kraftwerks unabhängig zu machen, ist die Aufstellung eines *Hausturbinensatzes* in Erwägung zu ziehen, der auch den übrigen elektrischen Leistungsbedarf des Kraftwerks deckt. Diese Aufstellung ist jedoch nur zu empfehlen, wenn sich der Hausturbinensatz im Kraftwerk, vor allem aber im Wärmekreislauf des Kraftwerks, zwanglos unterbringen läßt. Der Hausturbinensatz hat weiterhin den Nachteil, daß beim Einschalten größerer Motoren die Spannung in dem von ihm gespeisten Netz zusammenbrechen kann. Man läßt deshalb verschiedentlich den Hausturbinensatz mit den Hauptstromerzeugern parallel arbeiten. Die Sicherung des Eigenenergiebedarfs läßt sich auch durch Unterteilung der elektrischen Systeme und automatische Umschaltung bewirken (s. 9. Heft).

Für den Einbau in Speisepumpenanlagen sind spritzwassergeschützte Elektromotoren ausreichend, wenn der Speisepumpenraum dampfschwadenfrei, also trocken gehalten werden kann.

Bei großen Elektromotoren empfiehlt sich der Einbau von Luftkühlern. Für die Motoren ordnet man einen Überstromschutz mit möglichst abhängiger Kennlinie und mit elektromagnetischer Schnellauslösung an. Nullspannungsauslöser sind zu vermeiden. Kann in Einzelfällen nicht darauf verzichtet werden, so sind solche mit Verzögerung einzubauen. Der Überstromschutz soll eine derartige Kennlinie erhalten, daß die Motoren bei Spannungsschwankungen im Netz, die nicht zu ihrem Kippen führen, auf keinen Fall abgeschaltet werden. Die Schnellauslösung wird auf den 8- bis 10fachen Nennstrom der Motoren eingestellt. Die Unterspannungsauslöser erhalten einen Ansprechwert von 50 bis 60 % der Nennspannung.

Manchmal bietet der *Antrieb jeder Speisepumpe durch Dampfturbine und Elektromotor* betriebliche Vorteile. Die Antriebsturbine wird dann so ausgelegt, daß ihr Abdampf in zwei Stufen zur Speisewasservorwärmung ausgenutzt wird. Der Elektromotor arbeitet bei hohem Dampfdurchsatz durch die Turbine als Asynchron-Generator. Bei Absinken des Dampfdurchsatzes arbeitet die elektrische Maschine als Motor.

11. Bei **Zwangdurchlaufkesseln** ändert sich der Druck des Speisewassers am Kesseleintritt mit Änderung der Kesselleistung ziemlich stark. Dadurch ergeben sich bei konstanter Pumpendrehzahl und Teillastbetrieb der Zwangdurchlaufkessel hohe Drossel- und damit Energieverluste (s. Abb. 2 u. Abschn. 19 u. 20). Deshalb ist es zweckmäßig, für Zwangdurchlaufkessel drehzahlgeregelte Kesselspeisepumpen, am besten mit Dampfturbinenantrieb, vorzusehen und mit einer Pumpe nur je einen Kessel zu speisen. Dadurch werden die Energieverluste wesentlich verringert (s. Abb. 3). Elektromotorenantrieb von Kreiselpumpen ohne Drehzahlregelung ist für Zwangdurchlaufkessel nur in Kraftwerken, die mit Grundlast arbeiten, und bei der Speisung mehrerer Zwangdurchlaufkessel mit einer Speisepumpe vertretbar. Dann ist ein am besten ferngesteuertes Speisewasserregelventil für jeden Kessel einzubauen.

Gegebenenfalls ist bei Zwangdurchlaufkesseln der Einbau von Kolbenpumpen als Speisepumpen (s. 8) in Erwägung zu ziehen.

12. Die **Pumpendrehzahl** ist für Kreiselpumpen zweckmäßigerweise nicht zu hoch zu wählen. Als untere Grenze können rd. 3000 U/min, entsprechend 50 Hertz im elektrischen Netz, als obere Grenze rd. 4000 U/min eingesetzt werden. In diesem Drehzahlbereich lassen sich für Kreiselpumpen bei Fördermengen über 150 t/h *Hochdruckpumpenwirkungsgrade* von etwa 70 bis 77 % erreichen. Die Pumpenwirkungsgrade steigen mit zunehmender Fördermenge und erreichen den angegebenen Höchstwert bei Fördermengen von rd. 400 t/h und darüber (s. Abb. 4). Zu beachten ist, daß es sich bei den angegebenen Pumpenwirkungsgraden um Höchstwerte von neuen Kreiselpumpen handelt. Durch die im Laufe der Betriebszeit eintretende Laufradabnutzung werden die Wirkungsgrade dieser Abnutzung entsprechend niedriger.

Ist bei Kreiselpumpen der Pumpenenddruck im Verhältnis zur Pumpenförderleistung sehr hoch, so müssen zur Erzielung besserer hydraulischen Verhältnisse höhere Drehzahlen gewählt

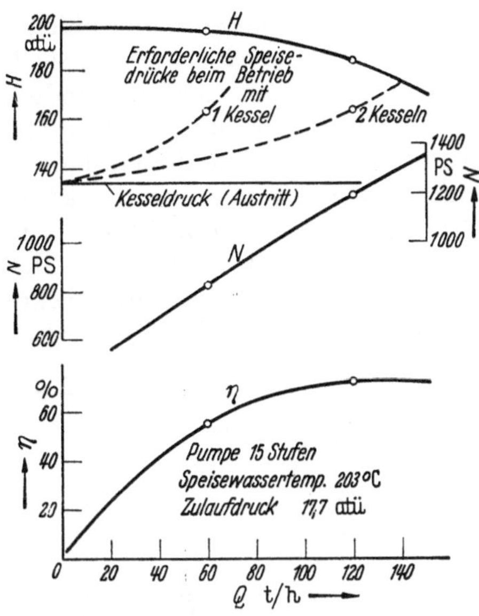

Abb. 2. Kenn-, Leistungs- und Wirkungsgradlinie einer Kreiselpumpe mit Drosselregelung zur Speisung von ein und zwei Bensonkesseln.

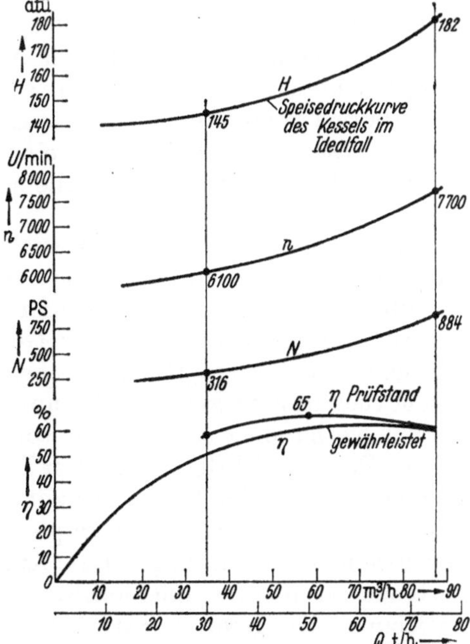

Abb. 3. Leistungs-, Wirkungsgrad- und Drucklinie einer hochtourigen drehzahlgeregelten Kreiselpumpe zur Speisung von einem Bensonkessel.

werden. Bei höheren Drehzahlen muß aber die Zulaufhöhe zur
Pumpe (s. 21) größer werden als bei niedrigen. Um dieses zu erreichen, sind gegebenenfalls Sondermaßnahmen zu ergreifen (s. 22).

Am besten ist es, durchweg Pumpendrehzahlen von rd. 3000 U/min
zu verwenden, weil in diesem Fall Elektromotoren mit den Pumpen
unmittelbar gekuppelt werden können. Dampfturbinen mit höheren
Drehzahlen sind dann über ein Getriebe (s. 45) mit der Pumpe
zu kuppeln, um gleiche Drehzahlen für alle Pumpen zu erhalten.

Eine Ersparnis an Anlagekosten durch Einbau hochtouriger
Kreiselpumpen als Kesselspeisepumpen ist als wenig zweckmäßig

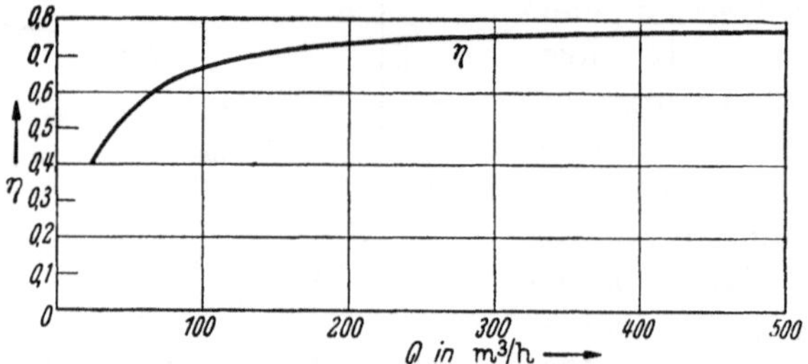

Abb. 4. Wirkungsgradkurve von Hochdruck-Kesselspeisepumpen
(Kreiselpumpen) für $n = 2950$ U/min.

anzusehen. Die Speisepumpenanlage gehört zu den wichtigsten
Anlageteilen eines Kraftwerks. Die Anschaffungskosten der Speisepumpen sind nur ein kleiner Teil an den gesamten Kraftwerkskosten.
Hochtourige Speisepumpen sind aber störungsanfälliger als niedrig-
tourige. Die Betriebssicherheit eines Kraftwerks ist jedoch der
Hauptgesichtspunkt, dem sich alle anderen Gesichtspunkte unter-
ordnen müssen.

13. Antriebsturbinen von Kesselspeisepumpen in Hochdruckdampfkraftwerken sind nicht mit Hochdruckdampf, sondern mit
Dampfdrücken zwischen etwa 10 und 25 atü anzutreiben. Bei höheren
Eintrittsdampfdrücken wird ihr Gütegrad wegen des damit verbundenen kleineren Dampfdurchsatzvolumens schlecht. Ist in
Hochdruckkraftwerken ein Dampfnetz im angegebenen Druck-
bereich vorhanden, so läßt sich vorstehende Forderung leicht erfüllen. Dasselbe ist der Fall, wenn Dampfzwischenüberhitzung vorhanden ist, weil der Druck des zum Zwischenüberhitzer gehenden
und von ihm kommenden Dampfes gewöhnlich zwischen den angegebenen Drücken liegt. Das Anzapfen einzelner Kraftwerksturbinen ist nicht empfehlenswert, weil bei jeder Schnellschluß-
auslösung der Kraftwerksturbine, die die Kesselspeisepumpen-
turbinen mit Dampf versorgt, auch die damit verbundenen Speisepumpen ausfallen. Dagegen läßt sich durch Anzapfen aller

Kraftwerksturbinen ein geeignetes Dampfnetz schaffen. Mit der Überhitzung des Eintrittsdampfes für die Turbinen geht man nicht über 350°C, weil sie sonst längere Anwärmezeiten brauchen, bei Gegendruckbetrieb ihr Abdampf noch überhitzt ist, und sie wegen der dann erforderlichen Stahlgußeinströmkästen teuer werden.

14. Der geringe Wasserinhalt neuzeitlicher Hochleistungskessel, besonders aber derjenige von Hochdruckkesseln, läßt keine Unterbrechung der Speisewasserzufuhr zu, ohne daß die Kessel gefährdet werden. Die Kesselspeisevorrichtungen müssen deshalb in allen Teilen unbedingt betriebssicher sein. Die Regeleinrichtungen sind ausreichend empfindlich zu bauen, um auch schnellen Belastungsschwankungen folgen zu können.

15. Notpumpe. Werden nur drei Speisepumpen eingebaut, von denen eine in Betrieb ist, so ist eine der beiden andern als sogenannte *Notpumpe* auszulegen. Diese Maßnahme ist aber auch bei Vorhandensein einer größeren Pumpenzahl und gleichzeitigem Betrieb mehrerer Speisepumpen empfehlenswert. Hierbei ist es manchmal zweckmäßig, zwei Notpumpen aufzustellen. Die Notpumpe muß bei einem Ausfall der Betriebspumpe selbsttätig anspringen. Der Antrieb der Notpumpe erfolgt am besten durch eine Dampfturbine, weil Dampf im Kesselhaus fast immer zur Verfügung steht (s. aber 9), elektrischer Strom dagegen nicht immer. Die Antriebsturbine muß einfach gebaut sein (nur mit zweikränzigem Geschwindigkeitsrad), damit sie ohne Anwärmen sofort anspringen kann.

Die Dampfturbine der Notpumpe wird am besten mit Auspuff angefahren. Erst nach dem Anfahren und nach Übernahme der Wasserförderung wird sie auf Gegendruckbetrieb umgestellt. Da sich beim Stillstand des Notpumpensatzes der Eintritt von Sickerdampf in die Turbine nicht vermeiden läßt, sind ihre Lauf- und Leitschaufeln aus korrosionsfestem Stahl herzustellen.

Der Anfahrimpuls für die Notpumpe soll nicht vom elektrischen Strom, sondern von der Förderleistung der Betriebspumpen gegeben werden. Dazu wird entweder der Druckunterschied zwischen Kesseldampfdruck und Wasserdruck am Pumpenaustrittsstutzen vor dem Rückschlagventil oder derjenige zwischen Zudampfleitung zur Antriebsturbine und Speisewasserdruckleitung oder der Druck am Pumpenaustrittsstutzen gewählt. Die Druckunterschiedsregelungen sind vorzuziehen.

Der Notpumpensatz ist laufend mit Drucköl zu versorgen, damit er jederzeit anlaßfähig ist. Diese dauernde Ölversorgung erfolgt am einfachsten von einer in Betrieb befindlichen Pumpe. Die Ölpumpe und der Ölkühler dieser Pumpe müssen dann entsprechend groß bemessen werden, was bei ihrer Bestellung zu beachten ist.

Auch wenn der in Betrieb befindliche Pumpensatz, der die Ölversorgung der Notpumpe durchführt, plötzlich ausfällt, besteht für diese keine Gefahr. Die Notpumpe ist bis dahin laufend mit Öl versorgt worden. Während des Auslaufens des Betriebspumpensatzes fährt aber die Notpumpe an und übernimmt noch rechtzeitig ihre weitere Ölversorgung.

Zweckmäßiger ist es, alle in Bereitschaft stehenden Pumpensätze durch eine besondere Ölpumpengruppe laufend mit Öl zu versorgen, damit bei einem erforderlich werdenden schnellen Anfahren eines Pumpensatzes kein vorübergehender Ölmangel in ihm auftritt.

Hat das zu fördernde Speisewasser Temperaturen über etwa 100°C, so muß während des Stillstandes der Notpumpe durch ihr Gehäuse laufend so viel Wasser geführt werden, daß bei einem plötzlichen Anfahren keine Wärmespannungen im Pumpenkörper auftreten.

Ist die Notpumpe selbsttätig angefahren, so erfolgt die Regelung ihrer Antriebsturbine am besten durch Beeinflussung der Drehzahlverstellvorrichtung des Fliehkraftreglers durch den Differenzdruckregler (s. 19). Ein längerer Notpumpenbetrieb ist im Hinblick auf den hohen Dampfverbrauch der mit nur einem Geschwindigkeitsrad ausgestatteten Pumpenantriebsturbine nicht zweckmäßig.

16. Für das **Warmhalten von Pumpen** und während ihres Anwärmens ist es unzulässig, das den Pumpenkörper durchströmende Anwärmewasser durch die Entleerungsleitungen des Pumpengehäuses abzuführen. Dadurch entstehen ungleichmäßige Erwärmungen des Pumpengehäuses. Das Anwärmewasser muß den ganzen Pumpenkörper gleichmäßig durchströmen. Um dieses zu erreichen, sind von der Pumpenlieferfirma besondere Anwärmeleitungen vorzusehen, worauf bei der Pumpenbestellung hinzuweisen ist.

17. Das **Anfahren** einer Notpumpe oder einer anderen Reservepumpe muß so schnell erfolgen, daß nach Ausfall eines Pumpensatzes bei Naturumlaufkesseln der Wasserstand nicht unter den festgesetzten niedrigsten Wasserstand sinkt. Im allgemeinen kommt man mit einer Anfahrzeit von 30 bis 45 Sekunden aus. Bei Zwangdurchlaufkesseln ist das Verhältnis zwischen Wasserinhalt in m^3 und Dampfleistung in t/h etwa nur ein Viertel so groß wie bei Naturumlaufkesseln. Deshalb muß auch bei Zwangdurchlaufkesselbetrieb das Anfahren der Not- oder Reservepumpe in etwa einem Viertel der angegebenen Zeit erfolgen. Vielfach wird man hier nur einige Sekunden Anfahrzeit zur Verfügung haben.

18. Mit Kurzschlußläufermotoren angetriebene Kreiselpumpen erreichen nach dem Einschalten in wenigen Sekunden ihre volle Drehzahl. Durch dieses schnelle Anfahren werden die Pumpenlaufzeuge und die Pumpenwelle stark beansprucht. Außerdem muß

bei einem derart schnellen Anfahren die Wassersäule in der Zulaufleitung sehr schnell beschleunigt werden. Damit dabei kein Abreißen dieser Wassersäule eintritt, muß die Zulaufhöhe noch höher
gewählt werden, als sich nach Punkt 21 ergibt. Aber wenn sie auch
so groß ist, um beim Anfahren ein Abreißen der Wassersäule in der
Zulaufleitung mit Sicherheit zu vermeiden, so treten doch in der
Pumpe kurzzeitige Kavitationserscheinungen auf, durch die bei
öfterem Anfahren im Laufe der Zeit Schäden an Pumpeninnenteilen
herbeigeführt werden können. Weiterhin entsteht beim schnellen
Anfahren großer Speisepumpen ein sehr hoher Anfahrstrom, der
kurzzeitige Überlastungen im Eigenenergiebedarfsnetz (s. 10) herbeiführen und damit zu unangenehmen Stößen und sogar zu Störungen Veranlassung geben kann. Aus diesen Gründen sollte von
einem derart schnellen Anfahren möglichst Abstand genommen
werden, wenn es nicht, wie beim Zwangdurchlaufkesselbetrieb in
Notfällen erforderlich ist (s. 17). Durch Einbau einer Anlauf-Ver-
zögerungsvorrichtung kann die Anlaufzeit verlängert werden.

Speisepumpensätze mit Kurzschlußläufermotoren müssen vor
dem Anfahren mit Öl versorgt werden (s. a. 15). Weiterhin ist bei
der Förderung von heißem Wasser ein vorhergehendes Anwärmen
des Pumpenkörpers (s. 16) erforderlich.

19. Die **Kennlinie (QH-Linie oder Drosselkurve) von Kreiselpumpen** muß zur Nullförderung stetig ansteigen, d. h. stabil sein
(Abb. 5), um Pendelungen der Pum-
pen im Betriebe zu vermeiden. Der
Druckunterschied zwischen Leer-
lauf und Vollast soll bei elektrisch
angetriebenen Pumpen gleichbleibender Drehzahl wegen der Energievernichtung durch Drosselung
(s. Abb. 6) möglichst nicht mehr als
10 % der Förderhöhe betragen, darf
aber auch nicht darunter liegen. Bei
dampfangetriebenen Speisepumpen
und elektrisch angetriebenen mit
Drehzahlregelung können die Kennlinien steiler verlaufen, wodurch sich
auch einige Vorteile ergeben (s. 20, 37).

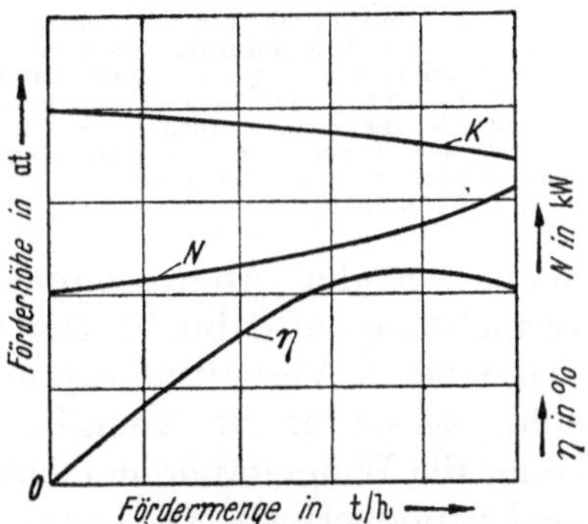

Abb. 5. Kennlinie, Wirkungsgrad und Leistungsaufnahme von Kreiselpumpen.
K Kennlinie; η Wirkungsgrad; N Leistungsaufnahme.

Kreiselpumpen, die für eine stabile Kennlinie von geringerer
Steigung als 10 % berechnet sind, zeigen im Betrieb bei kleiner
Förderleistung zuweilen ohne nachweisbaren Grund einen Abfall
der Kennlinie nach der Nullförderung zu, haben also eine unstabile
Kennlinie. Dies ist sogar bei Kreiselpumpen der Fall, die nach

gleichen Zeichnungen und Modellen angefertigt sind. Einige von ihnen haben eine stabile Kennlinie, bei andern dagegen ist sie nach der Nullförderung zu unstabil.

Da bei Pumpen mit flach verlaufenden Kennlinien die Teillastwirkungsgrade schlechter werden als bei solchen, deren Kennlinien steiler verlaufen, so empfiehlt sich, auch nichtdrehzahlgeregelte Kreiselpumpen mit einem steileren Verlauf der Kennlinie als 10 % (bis etwa zu 15 %) auszulegen.

Das Verhalten von Kreiselpumpen mit Drosselregelung zeigt Abb. 6, mit Drehzahlregelung Abb. 7. Bei der Drosselregelung tritt

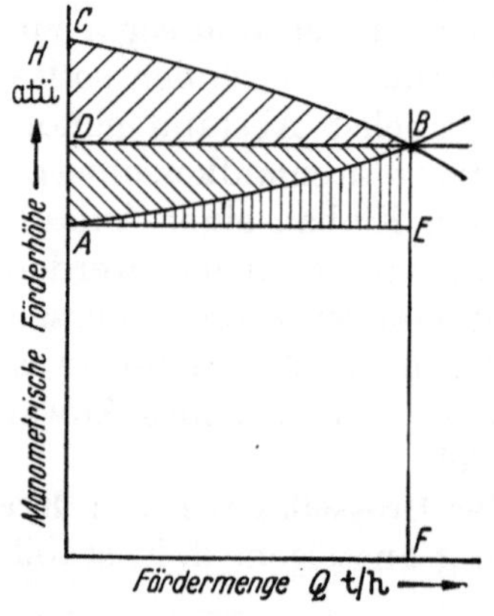

Abb. 6. Drosselregelung von Kreiselpumpen zur Speisung von Naturumlaufkesseln.
BC = Kennlinie der Pumpe = von der Pumpe gelieferter Druck; AE = gleichbleibender Kesseldruck; AB = tatsächlich zur Speisung erforderlicher Druck; BCD = Abdrosselung durch Drosselorgan an der Pumpe; ABD = Abdrosselung durch Wasserstandsreglerventil; ABE = Widerstand der Speiseleitung; FB = Speisewasserdruck bei Pumpenhöchstförderung F.

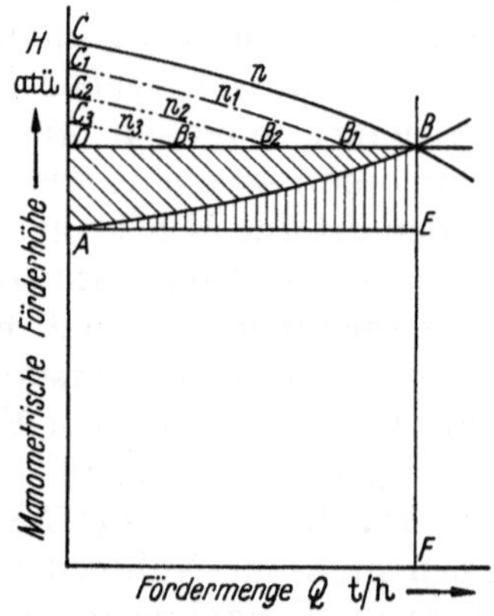

Abb. 7. Drehzahlregelung von Kreiselpumpen zur Speisung von Naturumlaufkesseln.
BC, B_1C_1, B_2C_2. B_3C_3 = Kennlinie der Pumpe bei n, n_1, n_2, n_3 U/min; AE, AB, FB, ABD. ABE wie in Abb. 6.

mit steigender Abdrosselung eine stark zunehmende Energievernichtung auf (Abb. 6). Der Pumpenwirkungsgrad verschlechtert sich dabei im Verhältnis von ungedrosselter zu eingestellter Förderhöhe. Je steiler die Kennlinie der Kreiselpumpe verläuft und je höher die Widerstände der Druckleitung sind, desto höher werden die Energieverluste. Bei Drehzahlregelung (Abb. 7) arbeitet dagegen die Kreiselpumpe stets unter den bestmöglichen Verhältnissen. Deshalb ist eine Drehzahlregelung nach Möglichkeit anzustreben.

Das Schema der Drehzahlregelung einer dampfangetriebenen Kreiselpumpe zeigt Abb. 8. In dieser Abbildung wird in Abhängigkeit vom Differenzdruck zwischen Kesseldruck und Druck in der Speisedruckleitung das Dampfeinlaßventil der Pumpenantriebsturbine verstellt und damit die Pumpendrehzahl so geregelt, daß die Kreiselpumpe bei allen Fördermengen stets auf den Druck FB

(Abb. 7) fördert. Eine derartige Regelung ist nur möglich, wenn dabei der Fliehkraftregler der Antriebsturbine ausgeschaltet ist. Deshalb wird besser vom Differenzdruckregler die Drehzahlverstellvorrichtung des Fliehkraftreglers beeinflußt (s. 9). Diese Drehzahlverstellvorrichtung muß einen ausreichend großen Verstellbereich haben, worauf bei Bestellungen hinzuweisen ist.

Kreiselpumpen-Kennlinien, die über der Fördermenge Q in t/h aufgetragen sind, gelten nur für eine bestimmte Speisewassertemperatur, die angegeben werden muß. Für andere Speisewassertemperaturen ist sie mit der am Schluß des Punktes 1 angegebenen Formel umzurechnen. Wechselt die Speisewassertemperatur oft, so empfiehlt sich die Auftragung der Kennlinie über der Fördermenge in m³/h. Darunter gibt man dann zweckmäßigerweise die Fördermengen in t/h für die in Betracht kommenden Speisewassertemperaturen an.

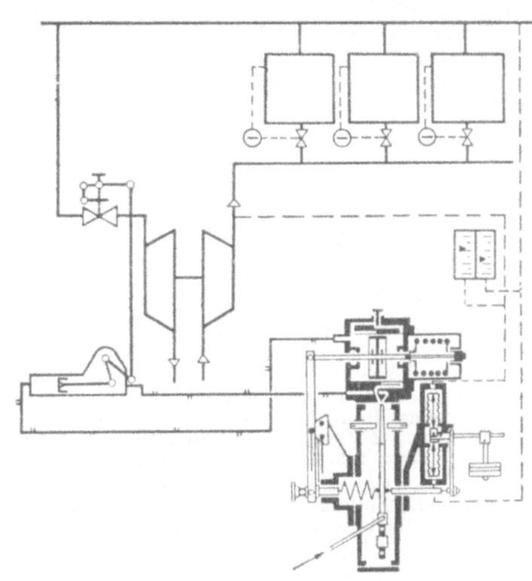

Abb. 8. Speisewasser-Differenzdruckregelung auf Dampfeinlaßventil der Pumpenantriebsturbine wirkend. Askania-Warte, 7 (1942), S. 169.

20. Für das **Parallelarbeiten** müssen Kreiselpumpen unbedingt stabile Kennlinien (s. 19) haben, die bei elektrisch angetriebenen Pumpen ohne Drehzahlregelung auch noch gleichen Verlauf haben müssen. Ist das nicht der Fall, so ist ein pendelfreies Parallelarbeiten von Kreiselpumpen unmöglich. Vorstehende Forderungen sind in das Bestellschreiben aufzunehmen. Bei ungleich belasteten parallel arbeitenden Turbopumpen tritt bei Differenzdruckregelung zuweilen ein Pendeln in der Leistung der einzelnen Pumpen ein. Durch zusätzliche Regler können gleiche Belastungsverhältnisse herbeigeführt werden. Weil die richtige Anordnung derartiger Regler besondere Erfahrungen erfordert, setze man sich rechtzeitig mit einer erstklassigen Reglerfirma in Verbindung.

Arbeiten mehrere Pumpen auf den gleichen Druckwasserverteilungsstrang, so steigt mit der dadurch zunehmenden Wasserdurchflußmenge die Widerstandshöhe dieser Rohrleitung. Sie beträgt bei zwei Pumpen gleicher Förderleistung etwa das Vierfache, bei drei Pumpen gleicher Förderleistung etwa das Neunfache wie bei einer Pumpe. Die statische Förderhöhe bleibt jedoch bestehen. Mit der Erhöhung des Gesamtwiderstandes (statische Förderhöhe plus Widerstandshöhe der Druckleitung) geht die Förderleistung der einzelnen Kreiselpumpen zurück. Der Rückgang der Förderleistung jeder Kreiselpumpe kann nach Abb. 9 bestimmt werden. Haben die parallel arbeitenden Kreiselpumpen gleiche Kennlinien, so zeigt der Schnittpunkt der Gesamtwiderstandskurve mit der Kennlinie, auf welchen Wert ihre Förderleistung beim Parallelbetrieb mit anderen Kreiselpumpen sinkt. Haben die parallel arbeitenden Kreiselpumpen verschiedene Kennlinien, so muß eine mittlere Kennlinie für das Zeichnen der Abb. 9 gebildet werden.

Bei Parallelbetrieb von Kreiselpumpen sind steil verlaufende Kennlinien von Vorteil, wie aus Abb. 9 ohne weiteres hervorgeht.

Arbeiten zwei Kreiselpumpen mit Drosselregelung in ein gleiches Druckleitungsnetz und krümmt sich bei ihnen die Kurve der Pumpenwellenleistung nach Erreichen ihres Höchstwertes nach unten (s. Kurven AD und DC in Abb. 10), so ändert sich bei gleichmäßiger Drosselregelung beider Pumpen ihr Leistungsbedarf nach Kurve CA der Abb. 10. Wird nur eine Pumpe geregelt, so geht die Leistungsbedarfsänderung nach Kurve CD. Sind die Pumpen für gleiche Förderhöchstleistung gebaut, so tritt bei halber Fördermenge in diesem Regelungsfall eine Leistungsersparnis um BD ein. Wird bei halber Fördermenge eine der beiden Kreiselpumpen stillgelegt, so verläuft der Leistungsbedarf der anderen nach Kurve

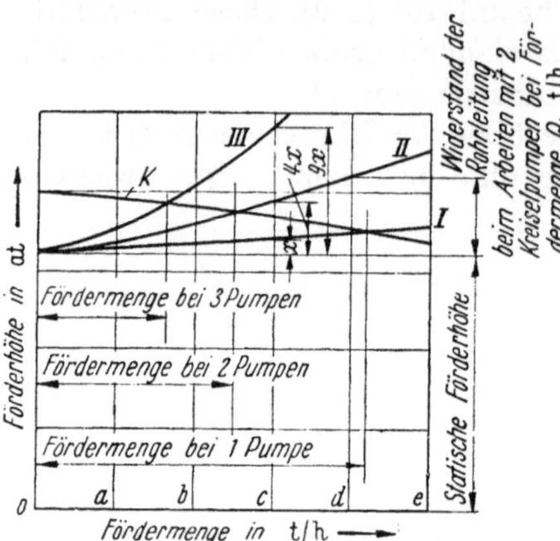

Abb. 9. Verringerung der Fördermenge einer Kreiselpumpe beim Arbeiten mehrerer Kreiselpumpen in ein gleiches Rohrnetz.

K Kennlinie der Pumpe; I Gesamtförderhöhe beim Arbeiten einer Pumpe; II Gesamtförderhöhe beim Arbeiten von 2 Pumpen; III Gesamtförderhöhe beim Arbeiten von 3 Pumpen.

Bemerkung: Die Rohrleitungswiderstandskurven sind in der Abbildung wegen der besseren Übersichtlichkeit besonders hoch angenommen.

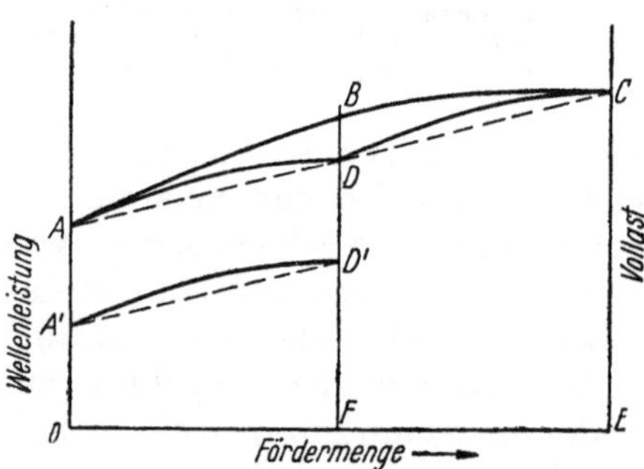

Abb. 10. Pumpenwellenleistung bei 2 Kreiselpumpen mit Drosselregelung [4].

$A'D'$ und es tritt eine Leistungsersparnis von BD' gegenüber dem Betrieb mit zwei gleichmäßig drosselgeregelten Kreiselpumpen ein.

Die Kurve der Pumpenwellenleistung krümmt sich nach Erreichen ihres Höchstwertes nach unten, wenn die Laufschaufeln nach rückwärts gekrümmt sind. Das ist bei Kreiselpumpen mit stabiler Kennlinie der Fall.

Arbeiten mehr als zwei drosselgeregelte Kreiselpumpen in das gleiche Druckleitungsnetz, so kann nach Abb. 9 und durch Erweiterung von Abb. 10 festgestellt werden, wann bei verminderter Wasserförderung zweckmäßigerweise eine Pumpe außer Betrieb zu nehmen ist.

Arbeiten drehzahlgeregelte Kreiselpumpen parallel, so entstehen die geringsten Energieverluste, wenn die Drehzahl aller Pumpen in gleicher Weise geregelt wird.

Zu beachten ist die Zunahme der Förderleistung von parallel arbeitenden Kreiselpumpen bei Außerbetriebnahme einer oder mehrerer Pumpen (s. Abb. 9). Die Antriebsmaschine muß für diese Leistungszunahme bemessen sein.

Ein Zusammenarbeiten von Kreisel- und Kolbenpumpen ist möglichst zu vermeiden. Ist es nicht zu umgehen, so ist die Förderleistung der Kolbenpumpe gleich zu halten und die der Kreiselpumpe zu regeln. Auch hier ist bei Außerbetriebnahme der Kolbenpumpe die Steigerung der Förderleistung der Kreiselpumpe zu beachten (s. Abb. 9).

Die *Hintereinanderschaltung von zwei Kreiselpumpen*, von denen die eine mit gleichbleibender, die andere mit veränderlicher Drehzahl arbeitet, bringt höhere hydraulische Verluste als die gleichmäßige Änderung der Drehzahlen beider Pumpen.

Weitere Ausführungen über Kennlinien von Kreiselpumpen siehe Schrifttumsverzeichnis 4.

21. Eine ausreichende **Zulaufhöhe des Wassers** zu jeder Speisepumpe ist unbedingt erforderlich. Der Druck im Pumpeneintrittsstutzen muß so hoch sein, daß weder beim Anfahren, noch im Betrieb, noch bei schnellen Fördermengenänderungen ein Abreißen der Wassersäule und damit eine Dampfbildung in der Zulaufleitung eintritt. Der Druck in allen Teilen der Zulaufleitung muß stets über dem Sattdampfdruck liegen, der zur Wassertemperatur gehört. Selbst geringe Dampfmengen in der Zulaufleitung können in die Pumpe gelangen und dort zu erheblichen Schäden Anlaß geben. Bei Kreiselpumpen fährt dann oftmals der Pumpenläufer fest.

Je höher die Drehzahl und je größer die Fördermenge einer Kreiselpumpe bei gleichem Laufradeintrittsquerschnitt wird, desto größer muß die Wasserzulaufhöhe bei gleicher Wassertemperatur sein. Mit der Erhöhung der Pumpendrehzahl steigt die Umfangsgeschwindigkeit des Laufrades an der Wassereintrittsstelle und erhöht die Druckabsenkung innerhalb der Schaufelkanäle. Mit Vergrößerung der Fördermenge steigt bei gleichem Laufradeintrittsquerschnitt die Wassergeschwindigkeit am Laufradeintritt.

Nach Versuchen von Klein, Schanzlin und Becker, Frankenthal, sind für Wasser von 100° C und darüber folgende Mindestzulaufhöhen notwendig:
bei Kreiselpumpen mit einer Leistung von 100 t/h und

$$n = 2800 \text{ U/min} \quad 5{,}0 \text{ m}$$
$$n = 3500 \text{ U/min} \quad 6{,}5 \text{ m}$$

bei Kreiselpumpen mit einer Leistung von 200 t/h und

$$n = 2800 \text{ U/min} \quad 7{,}8 \text{ m}$$
$$n = 3500 \text{ U/min} \quad 10{,}1 \text{ m}$$

Diese Mindestzulaufhöhen sind auch bei geringeren Fördermengen der Kreiselpumpe ohne Rücksicht auf den bei heißem
Wasser in den Speisewasserbehältern vorhandenen Sattdampfdruck
unbedingt am Pumpeneintrittsstutzen einzuhalten, d. h. sie müssen
noch außer diesem Sattdampfdruck vorhanden sein. Der sich bei
Teilfördermengen durch die kleineren Wassergeschwindigkeiten ergebende geringere Druckverlust in der Zulaufleitung wird durch die
größeren Stoßverluste am Laufradeintritt annähernd ausgeglichen.

Bei Wassertemperaturen unter 100° C können die angegebenen
Mindestzulaufhöhen verringert werden. Bei 70° C Wassertemperatur
braucht keine Zulaufhöhe mehr vorhanden zu sein. Bei noch niedrigeren Wassertemperaturen können Kreiselpumpen auch über dem
Wasserspiegel der Speisewasserbehälter aufgestellt werden. Dann
müssen aber die Pumpen mit ihren Wasserzuführungsleitungen
stets mit Wasser gefüllt sein, also diese Leitungen ein dichtschließendes Fußventil besitzen. Aus Sicherheitsgründen sollen jedoch
Kesselspeisepumpen stets unter den Speisewasserbehältern aufgestellt werden.

Die Mindestzulaufhöhe bei Förderung von Wasser über 70° C
ist von der Pumpenbauart abhängig. Deshalb können allgemeingültige Zahlenwerte dafür nicht angegeben werden. Der Pumpenhersteller muß in jedem Einzelfall die Angaben machen. Um sicher
zu gehen, sind die angegebenen Mindestzulaufhöhen bei Wassertemperaturen bis zu rd. 150° C um etwa ein Viertel, bei höheren
Wassertemperaturen um etwa ein Drittel zu erhöhen. Zu der so ermittelten Zulaufhöhe sind noch die errechneten Widerstände der
Zulaufleitung hinzuzufügen. Über die zweckmäßige Ausbildung der
Zulaufleitung s. 26 bis 30.

22. Speisewasserbehälter. Ist eine ausreichend hohe Aufstellung der Speisewasserbehälter zur Erreichung der erforderlichen Zulaufhöhe nicht möglich, so sind entweder

a) *Zubringerpumpen* aufzustellen oder

b) die *Speisewasserbehälter* unter einen entsprechend *höheren Druck* zu setzen oder es ist

c) das *Speisewasser* vor Eintritt in die Pumpen *abzukühlen*.

a) Als Zubringerpumpen werden langsam laufende Kreiselpumpen verwendet, die mit der zugehörigen Kesselspeisepumpe über ein Getriebe zu kuppeln sind. Eine getrennte Aufstellung der Zubringerpumpen ist nicht zu empfehlen.

b) Diese Maßnahme ist leicht zu treffen, wenn der Dampfraum der Speisewasserbehälter durch eine Rohrleitung an ein vorhandenes dauernd in Betrieb befindliches Dampfnetz mit höherem Druck angeschlossen werden kann. Durch einen Regler ist der in den Speisewasserbehältern erforderliche Druck aufrechtzuerhalten. Der Dampfdurchgangsquerschnitt und damit der Dampfdurchsatz durch das Regelventil müssen so groß sein, daß das Dampfpolster in den Speisewasserbehältern sowohl bei plötzlichen großen Wasserentnahmen als auch bei Einführung größerer Wassermengen von niedrigerer Temperatur stets erhalten bleibt. Folgende Sicherheitsmaßnahmen sind zu treffen. Der Regler muß schließen, wenn der Druck in dem mit den Speisewasserbehältern verbundenen Dampfnetz unter den in den Speisewasserbehältern erforderlichen Druck sinkt. Außerdem ist ein sicherwirkendes Rückschlagorgan in die Dampfleitung zu den Speisewasserbehältern einzubauen, das ein Rückströmen von Entspannungsdampf aus den Speisewasserbehältern verhütet. Durch eine Alarmvorrichtung ist der Pumpenwärter auf ein Absinken des Druckes in den Speisewasserbehältern aufmerksam zu machen. Die Speisewasserbehälter sind mit Sicherheitsventilen zu versehen. Diese müssen in der Lage sein, die bei einem Versagen des Druckreglers bei voll geöffnetem Regelventil in die Speisewasserbehälter strömende Dampfmenge abzuführen.

c) Durch Abkühlen des Speisewassers kann der Verdampfungsdruck wirksam gesenkt werden. In den meisten Fällen genügt eine Abkühlung um 2 bis 3° C. Dazu wird entweder nicht vorgewärmtes, entgastes Speisewasser in die Zulaufleitung gegeben oder in diese ein Oberflächenvorwärmer mit sehr geringem Durchflußwiderstand eingebaut.

Alle vorstehenden Maßnahmen sind mit verschiedenen betrieblichen Nachteilen verbunden. Besonders unerwünscht ist der Einbau von Zubringerpumpen.

2*

23. Als gute **Notmaßnahme zur Verhinderung von Dampfbildung in Speisepumpen** hat sich eine *Kaltwasserzuspeisung* in den Pumpeneintrittsstutzen erwiesen. Bei rechtzeitigem Öffnen der Kaltwasserleitung im Gefahrenfall kann die Pumpe ohne Dampfbildung im Innern weiterlaufen. Für die Kaltwasserzuführung empfiehlt sich die Aufstellung zusätzlicher Speisewasserbehälter, die entgastes, abgekühltes Wasser enthalten.

24. Beim **Wegfallen des zusätzlichen Dampfdruckes** in den Speisewasserbehältern können auch die Notpumpen nicht anfahren, wenn sie nur an diese Behälter angeschlossen sind. Es empfiehlt sich daher, sie ebenfalls an zusätzliche *Speisewasserbehälter mit abgekühltem Wasser* anzuschließen (s. 23). Dann wird auch das erforderliche laufende Warmhalten dieser Pumpen bei Heißwasserspeisung (s. 16) vermieden. Die in diesen Speisewasserbehältern enthaltene Wassermenge muß mindestens so groß sein, um eine Überbrückung der Zeit für die Beseitigung der Störung zu gewährleisten. Im allgemeinen werden dafür 15 Minuten ausreichend sein.

25. Das **Einführen von Dampf in eine Kreiselpumpenstufe** ist unbedingt zu vermeiden, damit die Wasserströmung in der Pumpe nicht gestört wird. Auch die Einführung von Wasser in eine Kreiselpumpenstufe ist wenig erwünscht. Durch Störungen der Wasserströmung in der Pumpe entsteht eine Wirkungsgradverminderung; es können aber dadurch auch Anfressungen im Pumpeninnern eintreten. In einzelnen Kraftwerken werden Heißdampfkondensate, die nicht bis auf die Temperatur des Speisewassers im Speisewasserbehälter abgekühlt werden können, in eine Speisepumpenstufe geführt. Dann ist aber die eingeführte Kondensatmenge so klein wie möglich zu halten und die Einführung des Kondensats darf nur in einer Stufe jeder Pumpe erfolgen. Das Kondensat von dampfbeheizten Zwischenüberhitzern ist ebenfalls in keine Pumpenstufe zu leiten, sondern zu entspannen und den Speisewasserbehältern zuzuführen. Beim Eintritt in die Speisewasserbehälter darf es keine höhere Temperatur als das darin befindliche Wasser haben.

26. Die **Zulaufleitung** zu den Kesselspeisepumpen ist reichlich zu bemessen, um die Rohrwiderstände klein zu halten. Die Wassergeschwindigkeiten sollen bei Wassertemperaturen unter 100° C etwa 1,5 m/s, bis 150° C etwa 1,2 m/s betragen und bis zu 200° C auf etwa 0,8 m/s abnehmen.

Die Zulaufleitung ist unter Wahrung der erforderlichen Elastizität (s. 32 u. 6. Heft) möglichst kurz zu halten. Anzustreben ist eine geradlinige Verlegung mit stetigem Gefälle zur Pumpe unter Vermeidung unnötiger Bögen und Krümmer. Die zur Aufnahme

der Wärmedehnung erforderlichen Bögen sind natürlich einzubauen,
doch sollte man versuchen, mit einem Rohrbogen auszukommen.
Die Verwendung anderer Dehnungsaufnehmer ist zu vermeiden.
Rohrbögen sind mit einem Halbmesser auszuführen, der mindestens
gleich dem fünffachen Rohrdurchmesser ist. Erst von diesem Biege-
radius an aufwärts ist eine annähernd wirbelfreie Umlenkung des
Wassers erreichbar.

Im Rohrinnern dürfen keine Schweißbärte und keine hervor-
stehenden Ecken vorhanden sein, um Wasserwirbel zu vermeiden.
Jeder Wasserwirbel kann zur Entstehung von Dampfblasen führen,
die zu ihrer Konden-
sation eine gewisse
Zeit brauchen, daher
auch in die Pumpe ge-
langen können.

Jede Speisepumpe
soll möglichst eine be-
sondere Wasserzulauf-
leitung vom Speise-
wasserbehälter erhal-
ten. Dann können auch
waagerechte Rohr-
strecken vermieden

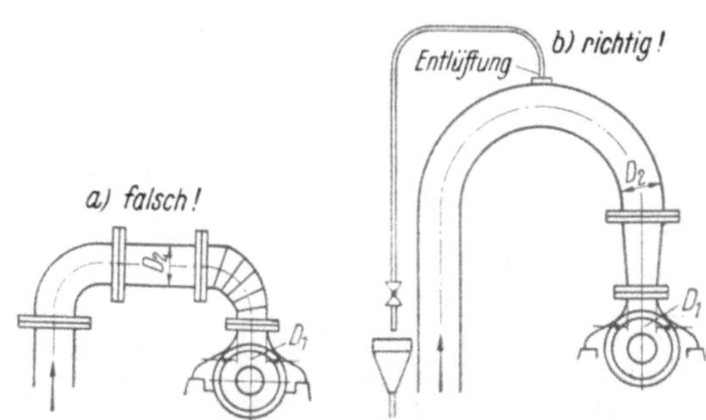

Abb. 11. Anschluß der Zulaufleitung an eine
Kesselspeisepumpe.

werden, die in Zulaufleitungen wenig erwünscht sind. Ist vorstehende
Forderung nicht zu erfüllen, so sind höchstens 2 oder 3 Pumpen an
eine Zulaufleitung anzuschließen. Diesen Pumpen darf aber kein
heißes Kondensat einer Stufe zugeführt werden (s. 25), weil sonst
die Gefahr besteht, daß durch Rückwärtsströmen eines Teils dieses
Kondensats in die Zulaufleitung der anderen Pumpen ihre Wasser-
zufuhr abreißt. Für ausreichende Sicherung des Wasserzuflusses
in Störungsfällen ist bei dieser Pumpenanordnung durch zweckmäßige Rohrleitungsverlegung zu sorgen (s. 6. Heft).

Beim Anschluß mehrerer Speisepumpen an eine Zulaufleitung
mit einseitiger Wasserströmung sind die Anschlußstutzen mit großer
Abrundung entgegen der Strömungsrichtung vorzusehen. Bei zwei-
seitiger Wasserströmung sind keine scharfkantigen T-Stücke, sondern Anschlußstücke mit beiderseits großer Abrundung einzubauen.
Die zweiseitige Wasserzuführung ist aus Sicherheitsgründen vorzuziehen.

Die Zulaufleitungen sollen, von oben kommend, oben oder seitlich an die Speisepumpe angeschlossen werden. Eine Rohrleitungs-
führung von unten nach oben ist zu vermeiden. Ist sie nicht zu umgehen und sitzt der Zulaufstutzen auf dem Pumpengehäuse, so ist

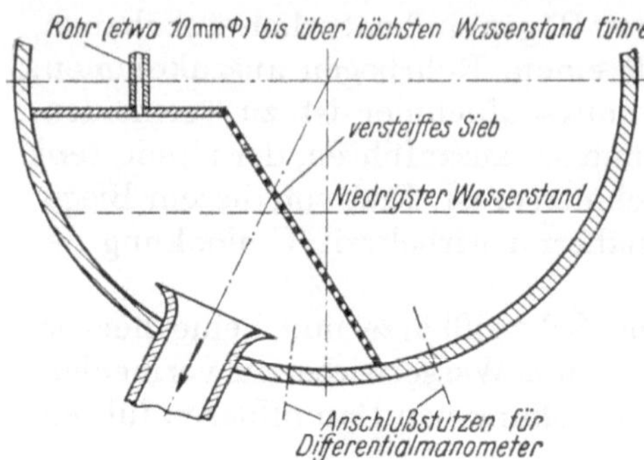

Abb. 12. Anschluß der Pumpen-Zulaufleitung an den Speisewasserbehälter und Einbau eines Einlaufsiebes.

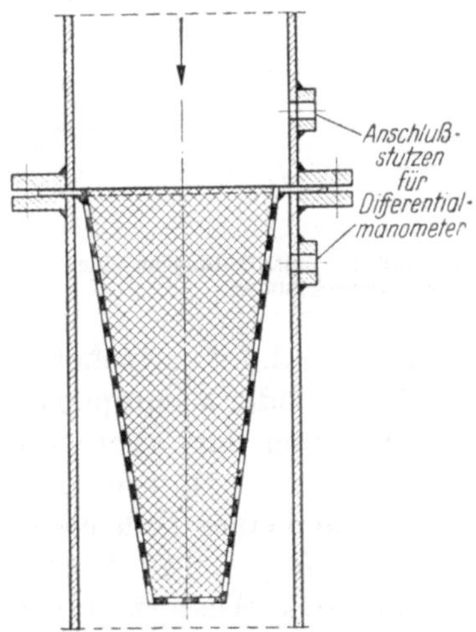

Abb. 13. Hutsieb in Zulaufleitungen von Kesselspeisepumpen.

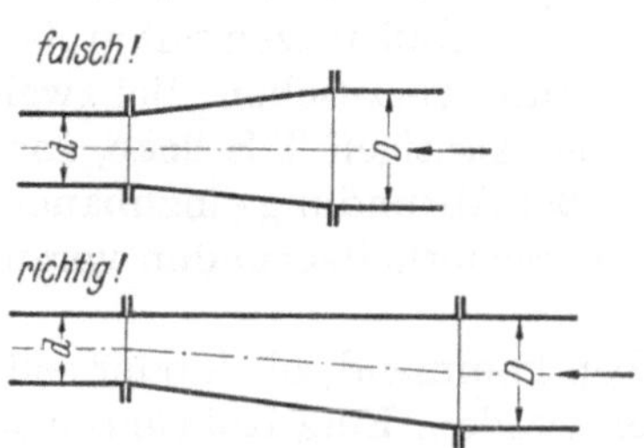

Abb. 14. Waagerecht liegendes Einschnürungsrohr zwischen Zulaufleitung und Pumpenstutzen.

eine Entlüftung vorzusehen (Abb. 11). Luftpolster dürfen an keiner Stelle der Zulaufleitung vorhanden sein.

27. Der **Einlauf zu den Zulaufleitungen der Pumpen** soll in den Speisewasserbehältern trichterförmig erweitert sein (Abb. 12). Er hat möglichst tief unter dem niedrigsten Wasserstand zu erfolgen, soll jedoch über die Behälterwand hinausragen. Der *Einbau eines Einlaufsiebes* in den Speisewasserbehältern (Abb. 12) oder in der Zulaufleitung (Abb. 13) ist unbedingt zu empfehlen, weil in der ersten Betriebszeit des Kraftwerkes vom Wasser Zunder, Schweißperlen usw. aus Rohrleitungen und Behältern mitgeführt werden. Gelangen diese Teile in die Pumpe, so sind Beschädigungen der Laufräder unvermeidbar. Die Einlaufsiebe werden zweckmäßigerweise auch später nicht ausgebaut, weil bei Reparaturarbeiten an Rohrleitungen und Speisewasserbehältern, Umlegen vorhandener und Verlegen neuer Rohrleitungen, stets Fremdkörper in die Speisewasserbehälter gelangen. ·

Der freie Siebquerschnitt soll mindestens 10-, besser aber 15 mal so groß sein wie der Querschnitt der Zulaufleitung, um bei den während des Betriebes eintretenden unvermeidbaren Verschmutzungen auch für eine längere Betriebszeit noch einen ausreichend freien Durchgangsquerschnitt zu haben. Vor und hinter dem Sieb sind Meßanschlüsse für ein Differentialmanometer vorzusehen (s. 65).

Wird das Sieb in die Zulaufleitung zur Speisepumpe eingebaut, so empfiehlt sich, zwischen Sieb und Behälterstutzen einen Schieber anzuordnen, damit bei einer Reinigung des Siebes nicht der Speisewasserbehälter entleert werden muß.

28. Der **Zulaufstutzen an der Speisepumpe** hat meistens einen kleineren Durchmesser als die Zulaufleitung. Dann muß das Übergangsstück von der Zulaufleitung zum Pumpenstutzen möglichst lang und so ausgebildet sein, daß sich in ihm kein Luftpolster bilden kann (Abb. 14). Im übrigen sollte versucht werden, den Pumpenzulaufstutzen mit demselben Querschnitt wie die Zulaufleitung auszuführen. Durch Verbreiterung des Pumpenstutzens, der dann keinen kreisrunden Querschnitt mehr hat, ist das meistens zu erreichen, ohne die Wassereintrittsverhältnisse in der Pumpe zu verschlechtern.

29. Absperrorgane in der Zulaufleitung sind auf die Mindestzahl zu beschränken. Einzubauen sind nur Schieber.

Die Absperrorgane dürfen niemals in Drosselstellung stehen, sie sind also entweder ganz zu schließen oder ganz zu öffnen. Durch eine Anzeigevorrichtung soll die jeweilige Schieberstellung deutlich zu erkennen sein.

30. Für die **Messung der Fördermenge** einzelner Pumpen sind die Impulsgeber (Meßblende usw.) in die Druckleitung einzubauen. Diese Messung ergibt auch genauere Werte als eine Wassermessung in der Zulaufleitung. Ist der Einbau des Impulsgebers in die Zulaufleitung nicht zu umgehen, so dürfen nur Venturirohre zum Einbau kommen.

31. In die **Speisewasserdruckleitung** ist hinter jeder Pumpe ein sicher wirkendes und dicht schließendes *Rückschlagorgan* einzubauen. In der Neufassung der Bestimmungen (s. 3) heißt es: „Jede Pumpe muß so ausgebildet sein, daß ein Zurücklaufen von Wasser bei plötzlichem Stillstand der Pumpe nicht eintritt." Bei plötzlichem Ausfall der Speisepumpe muß das Rückschlagorgan den Stoß der rückfallenden Wassersäule aufnehmen und einen Rückwärtslauf der Kreiselpumpe verhüten. Es muß also besonders kräftig ausgeführt sein. Diese Forderung gilt vor allem für die Drehpunkte der Klappen bzw. für die Spindeln der Ventilteller, die fast stets zu schwach bemessen sind. Vor der Bestellung empfiehlt sich eine dahingehende Nachprüfung.

Als *Absperrorgane* sind Schieber einzubauen, die in geöffnetem Zustande den ganzen Durchgangsquerschnitt freigeben und keine Wasserwirbel verursachen. Bei Hochdruckkesselspeisepumpen werden sie vielfach mit elektromotorischem Antrieb versehen.

Die Druckleitung soll von der Speisepumpe aus steigend verlegt werden, um Luftpolster zu vermeiden. Eine *Entlüftung* an der höchsten Rohrleitungsstelle empfiehlt sich trotzdem. Sie ist notwendig, wenn die Druckleitung von einer Stelle ab wieder mit Gefälle verlegt werden muß.

Die *Wassergeschwindigkeit* in der Druckleitung ist bei der Pumpenhöchstleistung

für Kolbenpumpen mit 1,5 m/s,
„ Kreiselpumpen „ 2 bis 3 m/s

zu wählen.

Die Widerstände der Speisedruckleitung nehmen etwa mit dem Quadrat der Wassergeschwindigkeit zu. Wenn der Druckunterschied zwischen dem Wasserdruck im Pumpenaustrittsstutzen und dem Dampfdruck in den Kesselobertrommeln konstant gehalten wird (s. 9), so ergeben sich mit sinkender Förderleistung der Kreiselpumpe immer größer werdende Abdrosselungen durch das Wasserstandsregelventil (s. 19 u. Abb. 6, 7). Deshalb und wegen des mit zunehmendem Rohrleitungswiderstand steigenden Energiebedarfs der Pumpe sind die Widerstände in der Druckleitung möglichst klein zu halten.

32. Zulauf- und Druckleitungen dürfen *keinen Schub* auf die Speisepumpe ausüben. Die Ausdehnung der Rohrleitung ist also durch richtige Ausbildung der Rohrleitungsanlage zu kompensieren. (s. 26 u. 6. Heft). Die *Verbindung der Anschlußleitungen mit den Pumpenstutzen* hat nur durch Bolzen-, nicht durch Stiftschrauben zu erfolgen.

33. Sind mehrere **Speisepumpengruppen** in benachbarten Kesselhäusern eines Kraftwerks vorhanden und haben die Kesselhäuser gleiche Kesselbauarten mit gleich hohen Dampfdrücken, so empfiehlt sich eine Verbindung durch eine Hauptspeisedruckleitung, so daß die Pumpen des einen Kesselhauses auf die Kessel der anderen Kesselhäuser arbeiten können. Dadurch wird die Sicherheit der Speisung wesentlich erhöht und das Disponieren für den Betriebsleiter erleichtert. Durch eine ausreichende Wasserströmung in dieser Verbindungsleitung ist dafür zu sorgen, daß sie im Winter nicht einfriert.

34. Müssen Kesselspeisepumpen auf eine Gebäudedecke oder ein Eisengerüst gestellt werden, so ist unter der Pumpengrundplatte eine Eisenbetonplatte anzuordnen, die auf eine schwingungsdämpfende Unterlage zu legen ist. Die Eigenschwingungszahl der Decke oder des Eisengerüstes muß von der Pumpendrehzahl möglichst weit entfernt liegen, um Resonanzerscheinungen zu vermeiden.

35. Gemeinsame Grundplatten aus Profileisen für Pumpe und Antriebsmaschine müssen bei der Montage erneut ausgerichtet werden, weil sie sich häufig beim Transport verziehen. Das Ausgießen der Grundplatten mit Zementmörtel hat sehr sorgfältig zu erfolgen, damit keine Hohlräume entstehen. Sie können die Laufgeräusche der Pumpe durch Resonanzwirkung verstärken.

36. Elastische Kupplungen die zwischen Speisepumpe und Antriebsmaschine stets einzubauen sind, dürfen keinen Schub von der Antriebsmaschine zur Pumpe und umgekehrt übertragen. Beide Kupplungshälften müssen bei der Montage am ganzen Umfange genau ausgerichtet sein und an allen Stellen gleichen inneren Abstand voneinander haben. Die Muttern der Kupplungsbolzen sind durch Blechbrillen oder ähnliche Maßnahmen gegen Lockern zu sichern. Splinte dürfen nicht als Sicherungen verwendet werden. Durch Verkleiden der Kupplungen ist das Bedienungspersonal gegen Unfälle zu schützen.

37. Die **Fördermenge der Kreiselpumpen darf einen bestimmten Mindestwert nicht unterschreiten** (s. a. 40). Er soll mindestens 50 %

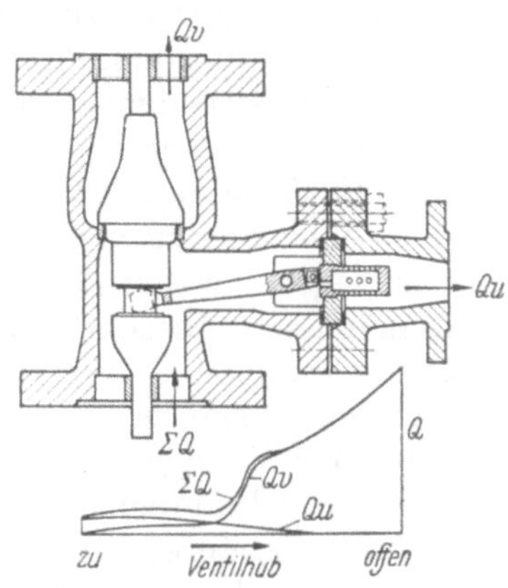

Abb. 15.
Freifluß-Rückschlagventil, Bauart KSB.

der normalen Fördermenge betragen, doch ist es besser, ihn auf 60 % festzulegen. Bei Wassertemperaturen unter 120° C kann der Mindestwert etwas tiefer liegen als bei höheren. Längeres Arbeiten mit geringeren Fördermengen führt zu Anfressungen der Pumpeninnenteile. Durch eine Wasserabströmung hinter dem Pumpendruckstutzen ist die Mindestfördermenge einzuhalten. Die Regelung der abzuführenden Wassermenge soll selbsttätig erfolgen. Durch Vereinigung des Rückschlagventils mit einem Auslaßventil läßt sich das ohne eine besondere Regelanlage erreichen (Abb. 15). Beim Sinken der Förderleistung nähert sich das Rückschlagventil seinem Sitz und öffnet dabei entsprechend weit das Auslaßventil. Das abströmende Wasser ist nicht in die Pumpenzulaufleitung, sondern in einen Speisewasserbehälter zu führen. Handregelung der Abflußwassermenge ist nur bei kleinen Kesselanlagen und bei geringen Schwankungen der Pumpenförderleistung möglich.

Beim Arbeiten der Kreiselpumpe gegen geschlossenen Druckschieber liegt ihr Leistungsbedarf zwischen 50 und 60 % der Vollleistung. Je flacher die Pumpenkennlinie (s. 19) ist, desto höher wird dieser Leistungsbedarf. Die Leerlaufarbeit wird als Wärme an das Wasser in der Pumpe übertragen. Bei einem derartigen Betrieb ist also in kurzer Zeit mit Dampfbildung im Pumpeninnern zu rechnen, wenn nicht ausreichend Wasser abgeführt wird. Aus Betriebssicherheitsgründen wird zwar stets ein einwandfreier Leerlaufbetrieb der Kreiselpumpen für eine Zeit von 5 Minuten gefordert und vom Pumpenhersteller auch zugestanden. Er wirkt sich aber außerordentlich nachteilig aus, besonders für Hochdruckspeisepumpen. Deshalb ist ein Leerlaufbetrieb der Pumpen, selbst für kurze Zeit, möglichst zu vermeiden. Ist das nicht möglich, so ist so viel Wasser aus dem Pumpendruckstutzen oder der Druckleitung vor dem Absperrschieber abzuführen, daß die Mindestfördermenge der Pumpe erhalten bleibt.

38. Gehäuse von Kreiselpumpen. Die Gehäusefüße der Pumpen sind in Achshöhe zu lagern. Nur die Füße einer Gehäuseseite sind fest zu lagern, während die der anderen Seite auf einer Auflage gleiten müssen. Diese Forderungen sind für Pumpen mit Fördertemperaturen über 100° C unbedingt zu erfüllen, damit auftretende Wärmedehnungen keine unzulässig hohe Spannungen im Pumpenkörper oder Verlagerungen desselben herbeiführen.

Für Kreiselpumpen zu Kesselspeisezwecken wird die *Ringgliederbauart* des Gehäuses bevorzugt, weil Pumpen dieser Bauart leicht zusammen- und auseinandergebaut werden können. Die Ringglieder werden durch Verbindungsbolzen zusammengepreßt. Diese Anpressung muß die Ringglieder in ihrer Mittelstellung halten und ihre gegenseitige Abdichtung gewährleisten. Eine Lagerung der einzelnen Ringglieder ist dann nicht notwendig. Die Verbindungsbolzen sind aber ausreichend kräftig auszuführen. Auf ihre gute Formgebung ist zu achten. Der Kerngewindedurchmesser muß größer sein als der Bolzendurchmesser. Die Verbindungsbolzen sind aus besonders zähem Chrommangan- oder besser Chrommolybdänstahl herzustellen. Sie müssen außerhalb der Ringgliederdichtungen liegen und dürfen keine großen, besonders aber keine plötzlichen Temperaturschwankungen erfahren. Vor Oberflächenverletzungen und Anrostungen sind sie zu schützen.

Bei großen Speisepumpen sind die Verbindungsbolzen mit einer bestimmten Spannung anzuziehen. Von der Pumpenherstellerin ist die Bolzenverlängerung anzugeben, die dieser Spannung entspricht. Sie ist in die Bedienungsanweisung aufzunehmen, damit sie bei einem späteren Zusammenbau der Pumpe eingehalten werden kann.

Bei Speisewassertemperaturen über 100° C ist der Pumpenkörper mit einer Isolierung zu umgeben, die durch einen Stahlblechmantel gehalten wird. Die Verbindungsbolzen der Gehäuseglieder müssen in der Isolierung liegen.

Das *Abdichten der Ringglieder-Teilfugen* erfolgt bei Hochdruckpumpen durch Aufschleifen der metallischen Dichtflächen, bei Niederdruck- und Mitteldruckpumpen durch Klingerit- oder ähnliche Dichtungen.

Die *Deckel* des Pumpengehäuses mit dem Saug- oder Druckstutzen müssen besonders kräftig ausgebildet sein, weil sie die Verbindungsbolzen aufzunehmen und zu führen haben. Trotzdem sind Materialanhäufungen an einzelnen Stellen der Deckel im Hinblick auf Wärmespannungen zu vermeiden.

Die Ausführung sämtlicher Gehäuseteile, der anschließenden Kühlwasserkammern und der Lagerdeckel muß eine einwandfreie Zentrierung aller Teile beim Zusammenbau nach Überholungen und nach mehrfachen Demontagen unbedingt möglich machen.

Als *Werkstoff* für die Pumpengehäuse (Deckel und Ringglieder) kann für Wassertemperaturen bis etwa 200° C und alle Drücke bester Elektrostahlguß verwendet werden. Bei höheren Wassertemperaturen empfiehlt es sich, die Gehäuseteile zu schmieden.

Das Pumpengehäuse ist durch Abdrücken mit Petroleum bei doppeltem Betriebsdruck und 24 stündiger Dauer auf seine *Dichtheit* zu *prüfen*. Anschließend ist es einer Wasserdruckprobe mit gleichen Bedingungen zu unterziehen. Nach beendeter Wasserdruckprobe ist das Gehäuse, wenn es innen trocken ist, mit Petroleum gut auszuspülen und mit Petroleum gefüllt stehenzulassen. Nach etwa einer Woche ist die Petroleumdruckprobe zu wiederholen. An Stelle von Petroleum läßt sich auch helles Dieselöl verwenden.

Die *Entlüftung der Pumpenstufen* soll nicht durch einzelne Hähnchen erfolgen, weil diese häufig zu Störungen Veranlassung geben. Die von den einzelnen Pumpenstufen ausgehenden Entlüftungsleitungen sind in eine Leitung zusammenzuführen. In diese wird ein Entlüftungsventil eingebaut.

Für die *Entwässerung* der Speisepumpe sind die erforderlichen Anschlüsse an den tiefsten Stellen des Pumpenkörpers vorzusehen und die Entwässerungsrohrleitungen in ähnlicher Weise zusammenzuführen wie die Entlüftungsleitungen.

39. Lauf- und Leiträder. Laufräder sind aus möglichst verschleiß- und korrosionsfesten *Werkstoffen* herzustellen. Am besten haben sich Chromstahlguß mit 15% Cr-Gehalt und Remanit 1550 bewährt. Die Geeignetheit von V2A-Stahl ist umstritten, weil dieser Werkstoff leicht zum Fressen neigt. Da die Spalten zwischen den Laufrädern und dem Gehäuse klein sind, kann es, besonders beim Anfahren und Abstellen der Pumpe, leicht zu einer Berührung beider Teile kommen. Dann ergeben sich mit Laufrädern aus V2A-Stahl größere Schäden.

Die Herstellung von Leiträdern aus dem gleichen Werkstoff wie die Laufräder macht gießtechnisch Schwierigkeiten. Deshalb werden Leiträder aus einem besonders hochwertigen und feinkörnigen Gußeisen hergestellt. Dieser Werkstoff hat sich für sie bewährt.

Die Lauf- und Leiträder langsam laufender Zubringerpumpen können aus besonders feinkörnigem Spezialgußeisen oder Phosphorbronze mit 86 % Cu-Gehalt bestehen. Beide Werkstoffe sind Korrosions- und Erosionsangriffen gegenüber wesentlich widerstandsfähiger als schwach legierter Stahlguß. Phosphorbronze ist aber nur zu verwenden, wenn keine elektrolytischen Angriffe zu erwarten sind. Besser ist auch hier eine Ausführung der Laufräder aus Chromstahlguß und der Leiträder aus Spezial-Gußeisen.

Die Leiträder müssen bei allen Kreiselpumpen auswechselbar sein. Alle inneren Einbauteile der Pumpen müssen sich durch Abdrückschrauben oder andere Vorrichtungen leicht lösen lassen.

40. Pumpenwelle. Die Pumpenwelle muß allen Verdrehungsbeanspruchungen gewachsen sein, besonders denjenigen, die bei dem sehr schnellem Anfahren der Pumpe durch Kurzschlußläufermotoren auftreten. Sie darf sich im Betriebe nicht so weit durchbiegen, daß Schwierigkeiten in den Lagern und Stopfbüchsen oder Anstreifen von beweglichen und festen Pumpenteilen auftreten. Am zweckmäßigsten ist es deshalb, die kritische Drehzahl des Pumpenläufers über die Pumpendrehzahl zu legen. Bei hohen Pumpenenddrücken ist das aber nicht möglich, weil dann der Wellendurchmesser so groß werden würde, daß sich die hydraulischen Verhältnisse am Laufradeintritt stark verschlechtern. Deshalb wird bei Hochdruckpumpen die kritische Drehzahl des Pumpenläufers durchweg unter die Pumpendrehzahl gelegt. Die kritische Drehzahl muß dann bei Inbetriebnahme der Pumpe schnell durchfahren werden. Sie ist so tief zu legen, daß sie auch bei der Mindestförderung drehzahlgeregelter Pumpen (s. 37) ausreichend weit von der sich dabei einstellenden Betriebsdrehzahl liegt. Andererseits muß sie noch so hoch liegen, daß die Pumpenwelle die eingangs gestellten Forderungen erfüllt. Bei wesentlichen Unterschreitungen der Mindestfördermenge drehzahlgeregelter Hochdruckspeisepumpen ist also Gefahr vorhanden, in das kritische Drehzahlgebiet zu gelangen. Dann kann leicht ein Anstreifen von beweglichen mit festen Pumpenteilen erfolgen. Das ist ein weiterer Grund, die Mindestfördermenge nicht zu unterschreiten.

Pumpenläufer sind mit aufgesetzten Laufrädern und pumpenseitiger Kupplungshälfte statisch und dynamisch auszuwuchten.

Vor dem Auswuchten sind alle Hohlräume der Laufräder, die im Betriebe mit Wasser gefüllt sind, mit Hartparaffin porenfrei auszugießen und die überstehenden Paraffinteile sauber abzudrehen.

Gewinde auf der Pumpenwelle müssen einen solchen Drehsinn haben, daß durch Reibung an Flächen oder am Wasser kein selbsttätiges Lockern aufgeschraubter Teile eintritt.

Im Bereich der Stopfbuchsen ist die Welle mit Schutzbuchsen zu versehen, damit bei Beschädigungen der Oberfläche nur diese und nicht die Pumpenwelle auszuwechseln sind (s. 76).

Als *Werkstoff* für die Welle wird St 60.11 bzw. 70.11 verwendet. Wellen aus legierten Stählen verziehen sich bei der Bearbeitung und Glühung trotz sorgfältigster Behandlung. Pumpenwellen dürfen nach dem Zusammenbau mit den Laufrädern nicht mehr als 0,02 mm unrund laufen. Für die Wellenschutzbuchsen ist korrosionsfester, also rostfreier Stahl zu wählen. Der Werkstoff von Wellenschutzbuchsen muß ausreichend hart sein, damit beim Anziehen der Buchsen gegen eine Fläche kein Anstauchen des Buchsenendes eintritt. Normal gehärtete C-Stahlbuchsen sind nicht zu verwenden, weil sie häufig in der Längsrichtung durchreißen. Bronzebuchsen sind nur zu verwenden, wenn mit keinen elektrolytischen Angriffen zu rechnen ist.

Wellenschutzbuchsen sollen eine außen sichtbare Markierung erhalten, durch die festgestellt werden kann, wie weit sie anzuziehen sind. Zu stark am Wellenbund angezogene Schutzbuchsen haben Verbiegungen der Pumpenwelle verursacht. Es empfiehlt sich, bei der Pumpenbestellung mehrere Schutzbuchsen mit dieser Markierung zu bestellen, um beim Auswechseln die neue Schutzbuchse in die gleiche Anzugsstellung bringen zu können.

41. Lager. Für Niederdruckkreiselpumpen und bei Wassertemperaturen bis zu 100° C können kräftige Ringschmierlager mit geeignetem Lagermetallausguß oder Kugel- oder Rollenlager verwendet werden. Ringschmierlager dürfen keine Wasserkühlschlange im Ölbehälter haben. Kugellager dürfen nur bei kleinen Pumpen zum Einbau kommen. Auf axiale Verschiebungen der Welle durch Wärmedehnungen und einseitigen Druck ist Rücksicht zu nehmen. Hochdruckpumpen sind mit Drucköl geschmierten Gleitlagern auszurüsten. Bei Wassertemperaturen über 100° C sind derartige Lager auch für Niederdruckpumpen notwendig, um eine bessere Wärmeabfuhr zu erreichen. Das Drucköl muß in Ölkühlern gekühlt werden.

Wasser und Dampf dürfen nicht in das Schmieröl gelangen. Auf der Welle sind vor den Lagern Spritzringe anzubringen.

42. Ölpumpen. Jeder Speisepumpensatz mit Ölumlaufschmierung muß eine angeflanschte Zahnradölpumpe und eine Hilfsölpumpe erhalten. Bei elektrisch angetriebenen Speisepumpen erhält die Hilfsölpumpe elektrischen Antrieb, bei dampfangetriebenen Speisepumpen Dampfantrieb.

43. Entlastungsvorrichtungen. Entlastungsvorrichtungen werden als Kolben oder als Scheibe ausgebildet. Die Entlastungsscheibe ist wegen der einfacheren Bauweise und der geringeren Gefahr des Festfahrens vorzuziehen. Abb. 16 zeigt schematisch die Wirkungsweise einer hydraulischen Entlastungsvorrichtung.

Die *Werkstoffe* für alle Teile der Entlastungsvorrichtungen, die mit strömendem Wasser in Berührung kommen, müssen möglichst korrosions- und erosionsfest sein. Bewährt haben sich

Chromstahlguß mit etwa 15 % Cr-Gehalt,

T3h mit 13 % Cr-Gehalt, der bei 1050°C luftvergütet und dann auf 680° C angelassen wird,

Remanit 1790 mit 18 % Cr-Gehalt, der bei 1050° C im Ölbad abgeschreckt wird.

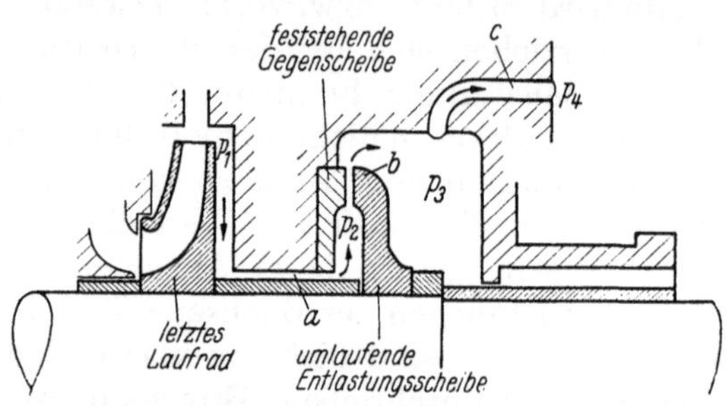

Abb. 16. Schema einer hydraulischen Entlastungsvorrichtung von Kreiselpumpen.

p_1 Enddruck des letzten Laufrades der Pumpe; p_2 Druck auf der Entlastungsscheibe; p_3 Druck hinter der Entlastungsscheibe; p_4 Ablaufdruck des Entlastungswassers; a Drosselstrecke zwischen Laufrad und Entlastungsscheibe, Drosselverlust $\Delta p_1 = p_1 - p_2$; b Spalt zwischen den Entlastungsscheiben, Drosselverlust $\Delta p_2 = p_2 - p_3$; c Abflußleitung des Entlastungswassers, Drosselverlust $\Delta p_3 = p_3 - p_4$. Durchflußmenge $Q = F_a \cdot \sqrt{2\,g} \cdot \Delta p_1 = F_b \cdot \sqrt{2\,g} \cdot \Delta p_2 = F_c \cdot \sqrt{2\,g} \cdot \Delta p_3$.

Um an Legierungsbestandteilen zu sparen, sind auch Panzerungen der Spaltflächen bei den Entlastungsscheiben mit V2A-Stahl und Wironit 615 durchgeführt worden. Über die Bewährung derartig gepanzerter Entlastungsscheiben liegen noch keine ausreichenden Betriebserfahrungen vor.

Die Werkstoffe für die Entlastungs- und die Gegenscheibe sollen möglichst gute Gleiteigenschaften aufweisen. Deshalb wählt man für sie auch verschieden hochlegierte Werkstoffe. Wird die Entlastungsscheibe aus Chromstahlguß hergestellt, so wird für die Gegenscheibe ein Chromstahlguß mit höherem Chromgehalt gewählt.

Die im Laufe der Betriebszeit eintretenden Abnutzungen der Entlastungsvorrichtung müssen durch eine Anzeigevorrichtung sichtbar gemacht werden. Unterspülungen von eingebauten Dichtungsringen der Entlastungsscheiben müssen durch geeignete konstruktive Ausbildung der Entlastungsvorrichtung von außen erkennbar sein.

Für eine ungehinderte Abfuhr des Entlastungswassers ist zu sorgen. Am sichersten ist eine Abführung ins Freie, doch nimmt dabei das Wasser Sauerstoff auf, der durch Entgasung wieder entfernt werden muß. Außerdem muß das Entlastungswasser bei Temperaturen von etwa 50° C aufwärts vor dem Austritt ins Freie abgekühlt werden, um Dampfentwicklungen im Pumpenraum zu vermeiden. Deshalb wird das Entlastungswasser zweckmäßigerweise in einen Speisewasserbehälter geführt. In die Wasserabflußleitung dürfen keine Absperrvorrichtungen eingebaut werden, doch empfiehlt sich der Einbau einer Meßblende, um die durch die Entlastungsvorrichtung strömende Wassermenge messen zu können (s. a. 49). Ergeben sich bei der Einführung des Entlastungswassers in Speisewasserbehältern zu lange Rohrleitungen, so kann es auch in die Wasserzulaufleitung der Pumpe geführt werden. Dann ist aber für eine wirbelfreie Einführung, möglichst weit vom Pumpeneinlaufstutzen, zu sorgen.

Die Entlastung der Kreiselpumpe kann auch durch Wassereintritt an beiden Pumpenenden erfolgen. Bei der Pumpenbauart einer Firma wird das Wasser von der ersten Druckstufe an der Wassereintrittsseite nach der zweiten Druckstufe an der Wasseraustrittsseite der Pumpe, von dieser zur dritten Druckstufe neben der ersten, dann zur vierten Druckstufe neben der zweiten usw. geführt, bis es in Pumpenmitte austritt. Bei dieser Bauart und beim Wassereintritt an beiden Pumpenenden wird die unangenehme Hochdruckstopfbuchse vermieden. Pumpen mit wechselseitiger Wasserführung haben aber wegen der vielen Umlenkungen des Wasserstromes einen geringeren Wirkungsgrad.

44. Stopfbuchsen. Stopfbuchsen von Kreiselpumpen sind durch Wasser zu kühlen. Bei schlecht gekühlten Stopfbuchsen bildet das aus dem Pumpeninnern tretende warme oder heiße Wasser Dampfschwaden, die die Stopfbuchse zerstören und die Wellenschutzbuchse (s. 40) bzw. die Pumpenwelle angreifen. Bei Speisewassertemperaturen bis zu 80° C ist zur Stopfbuchsenkühlung Wasser aus dem Pumpendruckstutzen ausreichend. Bei höheren Speisewassertemperaturen muß die Kühlung durch Werkswasser erfolgen. Ein Übertritt dieses Kühlwassers in das Speisewasser muß unmöglich gemacht werden. Der Wasserabfluß aus dem Stopfbuchsengehäuse muß sichtbar sein. Durch zweckmäßige Formgebung der Ablauftrichter ist ein Herausspritzen des Kühlwassers zu verhindern.

Das Stopfbuchsenkühlstück ist geteilt auszuführen, damit es auseinandergenommen und im Innern auf einfache Weise gereinigt werden kann.

Ein zu hoher Druck auf die Stopfbuchsen ist durch Einbau von Entlastungsscheiben herabzusetzen, um die Lebensdauer der Stopfbuchsenpackungen zu erhöhen.

Bei Kreiselpumpen mit Entlastungsscheiben stehen die beiden Stopfbuchsen unter nahezu gleichem Druck. Wird das Entlastungswasser in die Wasserzulaufleitung der Pumpe oder in den Speisewasserbehälter geführt, so ist dieser Druck etwa gleich dem Druck im Speisewasserbehälter. Die Entlastungsscheiben gleichen also nicht nur den Axialschub aus, sondern entlasten auch gleichzeitig die druckseitige Stopfbuchse.

Die Stopfbuchsenschrauben sind aus korrosionsfestem Stahl herzustellen.

Die Bauart der Stopfbuchse muß einen leichten Ersatz der Packungen zulassen.

Zum Abdichten der Stopfbuchsen werden verwendet: Kupfergespinstpackungen, Weichgraphitpackungen aus Asbest mit hochtemperaturbeständiger Ölgraphitschmiere.

45. Getriebe. Die Betriebserfahrungen mit Getrieben sind bisher nicht immer gut gewesen. Bei Speisepumpen mit Elektromotorenantrieb sollten daher keine Getriebe eingebaut werden (s. 12).

Ein Getriebe zwischen Antriebsmaschine und Pumpe muß geräuscharm arbeiten. Vom Getriebe dürfen keine Schubkräfte auf die mit ihm verbundenen Maschinen und auch von diesen nicht auf das Getriebe ausgeübt werden. Der Einbau von elastischen Kupplungen auf beiden Getriebeseiten ist zu empfehlen.

Die Getriebezahnräder sind vom Lieferer so auszubilden und dürfen spezifisch nur so belastet werden, daß kein unzulässig hoher Zahnradverschleiß eintritt [5]. Für Stirnradgetriebe sind Zahnräder mit spielfreier Schrägverzahnung und gehärteten Zahnflanken vorzusehen. Die Getriebeteile dürfen keine Temperaturen annehmen, die höher als 20° C über der Temperatur der umgebenden Luft liegen.

Die Wellenlager sind als Wälzlager der mittelschweren oder schweren Reihe nach DIN auszuführen. Alle Rollen- und Kugellager in Getriebegehäusen müssen reichlichen Fettraum und beiderseitige Labyrinthdichtungen haben. Die Lebensdauer aller Lager muß über 50000 Betriebsstunden sein.

Die Getriebe sind vollkommen öl- und staubfrei abzudichten.

46. Gehäuse von Kolbenpumpen. Im Pumpenraum dürfen keine Luftpolster vorhanden sein. Die Druckventile müssen im höchsten Punkt des Arbeitsraumes liegen.

Als Werkstoff ist für Drücke bis etwa 20 at hochwertiges Gußeisen zu verwenden, für höhere Drücke Stahlguß oder geschmiedeter Stahl.

47. Kolben, Kolbenstangen und Stopfbuchsen von Kolbenpumpen. Die *Kolben* werden als Tauch- und als Scheibenkolben ausgebildet. Tauchkolben haben von außen zugängliche Dichtungen, brauchen aber bei doppeltwirkenden Pumpen zwei Gehäuse. Als Dichtung wird Hanf, Baumwolle, Leder, neuerdings auch Buna verwendet. Scheibenkolben werden bei kleinen Förderhöhen bevorzugt. Die Verbindung zwischen Scheibenkolben und Kolbenstange geschieht durch Stangengewinde und Mutter auf der einen und kegeligem Bund auf der anderen Seite.

Kolbenstangen sind aus Siemens-Martin-Stahl (St 50 u. St 60), bei besonders hohen Beanspruchungen aus Tiegelflußstahl, bei Heißwasserförderung aus korrosionsfesten Stählen herzustellen. Die Formgebung der Kolbenstange muß ein leichtes Herausnehmen des Kolbens aus dem Zylinder ohne Verletzung der Stopfbuchse ermöglichen.

Als *Packungsstoffe für die Stopfbuchse* sind zu verwenden:

für Wassertemperaturen bis zu 70° C: Hanf, Baumwolle oder langfaseriger Flachs mit hochschmelzendem Fett verarbeitet. Talg ist hier nicht zu verwenden,

für Wassertemperaturen über 70° C: Asbestpackungen mit hochtemperaturbeständiger Ölgraphitschmiere.

Neuerdings werden auch knetbare Dichtungsmittel aus asbestgraphitischen Massen hergestellt, die für Drücke bis zu 250 at und höchste Wassertemperaturen verwendbar sind. Sie haben sich bisher dafür bewährt.

Bei dampfangetriebenen Kolbenpumpen sind für die Stopfbuchsen der Dampfzylinder Asbestgraphitpackungen zu verwenden, die nach der Dampftemperatur auszuwählen sind. In Zweifelsfällen geben die Lieferfirmen für Dichtungen über die zweckmäßigste Dichtungsart Auskunft.

48. An die **übrigen Teile von Kolbenpumpen** sind keine besonderen Anforderungen zu stellen. Die Kolbenpumpen müssen hochwertig und betriebssicher nach dem neuesten Stande der Technik gebaut sein.

49. Zur Beobachtung der richtigen Arbeitsweise von Speisepumpen ist in die Wasserzulaufleitung jeder Speisepumpe ein Manovakuummeter und ein Thermometer, in die Druckleitung ein Manometer und ein Thermometer, und bei Kreiselpumpen in die Entlastungswasserleitung möglichst eine Meßblende (s. 43), aber unbedingt ein Manometer einzubauen. Dieses Manometer soll möglichst nahe am Austritt der Entlastungswasserleitung aus der Pumpe auf der Pumpendruckseite angebracht werden. Unter normalen Verhältnissen wird es einen um etwa 1 bis 2 at höheren Druck anzeigen, als er im Zulaufstutzen der Pumpe vorhanden ist. Eine Änderung der Druckanzeige gibt wesentlich früher als andere Prüfeinrichtungen einen beginnenden Verschleiß der Entlastungsvorrichtung an. Alle Manometer sind mit Dreiwegehahn und Flansch für den Anbau eines Kontrollmanometers zu versehen.

50. Jede Speisepumpe soll ein **Leistungsschild** mit folgenden Angaben erhalten:

Betriebsnummer
Hersteller
Baujahr
Fabriknummer
Kupplungsleistung . . . . . . kW
Fördermenge . . . . t/h
Speisewassertemperatur . . . . °C
Zulaufdruck . . . . atü
Pumpendruck . . . . atü
Drehzahl . . . . U/min

51. Umwälzpumpen für La Mont-Kessel. Die *Förderleistung* der Umwälzpumpen muß zwischen dem 4,5- bis 8fachen der Verdampfungsleistung des Kessels liegen. Die hohen Werte gelten für größere La Mont-Kessel mit Drücken über 80 at. Die Verdampfungsleistung ist nicht gleich der vom Kessel abgegebenen Dampfmenge, weil diese von der Eintrittstemperatur des Speisewassers in den Kessel und durch evtl. Dampferzeugung im Ekonomiser beeinflußt wird.

Die *Druckerhöhung* durch die Umwälzpumpe beträgt bei ortsfesten Dampfkesseln im allgemeinen 2,5 at. Hiervon werden rd. 1,0 at für den Druckverlust in den Verdampferrohren, 1,0 at für die Drosselstellen und 0,5 at für die Widerstände in den Verbindungsrohrleitungen verbraucht.

Zur *Anzeige der Druckerhöhung* ist ein gut sichtbares Differenzdruckmanometer einzubauen. Es ist mit einer elektrischen Kontaktvorrichtung zu versehen, die beim Unterschreiten der vorgeschriebenen Druckerhöhung eine elektrische Alarmvorrichtung in Tätigkeit setzt und evtl. auch die Reservepumpe einschaltet. Dieses Einschalten erfolgt bei dampfangetriebenen Pumpen durch ein Magnetventil, bei elektrisch angetriebenen Pumpen über ein Relais. Ausreichende Sicherung der Stromzufuhr ist vorzusehen. Besser ist eine selbsttätige Einschaltvorrichtung mit öldruckgesteuertem Regler, der seinen Impuls vom Differenzdruck erhält.

Die *Zahl der aufzustellenden Pumpen* ist wie folgt zu wählen: für La Mont-Kessel unter 10 t stdl. Dampfleistung eine Pumpe mit der 4,5- bis 6fachen, für La Mont-Kessel über 10 bis zu etwa 100 t stdl. Dampfleistung zwei Pumpen mit je der 3- bis 4fachen,

für La Mont-Kessel über 100 t stdl. Dampfleistung drei Pumpen mit je der 3- bis 4fachen Verdampfungsleistung des Kessels.

Für Kessel mit Dampfleistungen über 10 bis zu 40 t/h ist nur eine Pumpe in Betrieb, die zweite steht in Reserve. Bei Kesselleistungen über 40 bis zu etwa 100 t stdl. Dampfleistung läßt man meistens beide Pumpen arbeiten. Bei Ausfall einer Pumpe muß dann der Kessel mit verringerter Dampfleistung arbeiten. Bei Kesseln über 100 t stdl. Dampfleistung arbeiten zwei Pumpen und die dritte steht in Reserve.

Die Betriebsumwälzpumpen erhalten meistens elektrischen *Antrieb*, die Reservepumpen Dampfturbinenantrieb. In Heizkraftwerken werden alle Umwälzpumpen zweckmäßigerweise mit Dampfturbinenantrieb versehen, weil der Turbinenabdampf in der Heizungsanlage verwendet werden kann. Alle Pumpen erhalten je einen Absperrschieber in der Wasserzulauf- und Druckleitung und ein Rückschlagventil in der Druckleitung (s. a. 29 u. 31).

Umwälzpumpen werden einstufig in Stahlgußgehäuse ausgeführt. Bei hohen Kesseldrücken ist wegen der hohen Temperatur des Umwälzwassers dem Stahlguß eine Legierung zuzusetzen, die seine Warmfestigkeit erhöht. Die Laufräder werden bei niedrigen und mittleren Kesseldrücken fliegend angeordnet, um mit einer Stopfbuchse auszukommen. Das Pumpenlager muß dann für die Aufnahme des Axialschubes als Drucklager ausgebildet sein. Für niedrige Kesseldrücke werden Kugellager, für mittlere und hohe Drücke Klotzlager mit Preßölschmierung als Drucklager eingebaut. Bei hohen Kesseldrücken werden auch Umwälzpumpen mit durchgehender Welle verwendet. Dann sind zwei Stopfbuchsen notwendig.

Den *Stopfbuchsen* sind Kühlstrecken vorzuschalten. Für die Stopfbuchsenabdichtung sind die gleichen Packungen zu verwenden wie für Kesselspeisepumpen (s. 44).

Die *Pumpenwelle* erhält an den Stellen, wo sie in Stopfbuchsen läuft, eine auswechselbare Schutzbuchse. Diese und die Pumpenwelle sind aus korrosionsfesten Werkstoffen herzustellen.

Die *Laufräder* werden aus feinkörnigem Gußeisen ausgeführt. Umwälzpumpen müssen nach der Nullförderung ansteigende *Kennlinien* haben (s. 19). Diese dürfen aber nicht zu flach verlaufen. Andernfalls besteht die Gefahr der Motorüberlastung beim Anfahren der Pumpe mit kaltem Wasser und beim Betrieb eines Kessels mit einer Umwälzpumpe, der für den Betrieb mit zwei Umwälzpumpen ausgelegt ist.

Der *Arbeitsbedarf* bei elektrisch angetriebenen Umwälzpumpen schwankt zwischen 0,8 bis 1,1 kWh je Tonne Dampf.

Die günstigste *Wassergeschwindigkeit* in der Zulaufleitung liegt bei ortsfesten La Mont-Kesseln zwischen 2 und 3 m/s. Eine Verringerung dieser Geschwindigkeit, die in Zulaufleitungen von Kesselspeisepumpen vorteilhaft ist (s. 26), bringt hier folgende betriebliche Nachteile. Bei Druckabsenkungen in La Mont-Kesseln tritt in der Wasserzulaufleitung Dampfbildung ein. Die entstehenden Dampfblasen müssen von der Umwälzpumpe möglichst schnell in die Druckleitung gefördert werden, weil größere Dampfbildung in der Umwälzpumpe zu gleichen Störungen wie bei Speisepumpen führt (s. 21). Deshalb muß die Wassergeschwindigkeit in der Zulaufleitung möglichst hoch gewählt werden, damit ihr Wasserinhalt klein wird. Eine hohe Wassergeschwindigkeit in der Zulaufleitung führt aber andererseits zu einem starken Ansteigen der Reibungsverluste. Deshalb wird über die angegebenen Wassergeschwindigkeiten nicht gegangen. Weiterhin ist die Zulaufleitung möglichst kurz zu halten. Die Wassergeschwindigkeit in der Druckleitung kann 4 bis 5 m/s betragen.

Wasserzulauf- und Druckleitungen dürfen keine Zug-, Druck- und Schubkräfte auf die Umwälzpumpe ausüben. Sie ist dagegen noch empfindlicher, als es Kesselspeisepumpen sind. Für die Anordnung der Zulaufleitung gelten sinngemäß die in Punkt 26 gemachten Ausführungen.

52. Bei der **Bestellung von Kesselspeisepumpen** ist vom Besteller die Lieferung von Zeichnungen, Ersatzteilverzeichnissen und Montageanweisungen für die Pumpen, Antriebsmaschinen und Getriebe zu verlangen. Die Zeichnungen und Montageanweisungen müssen so ausführlich gehalten sein, daß das Auseinandernehmen und der Zusammenbau des Pumpensatzes durch die Handwerker des Kraftwerkes möglich sind.

II. An- und Abstellen, Bedienung und Überwachung während des Betriebes.

53. **Die Beaufsichtigung der Speisepumpenanlage und der Kesselwasserstände** in kleineren Kesselanlagen kann *einem* Wärter übertragen werden. In größeren Kraftwerken muß sowohl für die Beaufsichtigung der Speisepumpenanlage als auch für diejenige der Kesselwasserstände je ein Wärter vorhanden sein. Ist für jeden Kessel eine Speisepumpe neben dem Kesselbedienungsschrank aufgestellt, so kann der Kesselwärter die Wartung für diese Speisepumpe mit übernehmen. Je höher die Speisewassertemperatur, die

Förderhöhe und die Pumpendrehzahl sind, desto aufmerksamer muß die Überwachung der Speisepumpenanlage sein.

54. Es empfiehlt sich, den **Wasserstand der Speisewasserbehälter** durch einen heruntergezogenen Wasserstandsanzeiger am Pumpenbedienungsstand sichtbar zu machen. Ein unzulässiges Absinken dieses Wasserstandes ist dem Bedienungspersonal durch Warnanlagen anzuzeigen.

55. Das **erste Anfahren** jeder Kesselspeisepumpe muß stets in Gegenwart eines verantwortlichen Montageingenieurs oder Monteurs der Lieferfirma erfolgen. Vor dem ersten Anfahren ist unbedingt festzustellen, ob die Drehrichtung der Antriebsmaschine mit derjenigen der Pumpe übereinstimmt. Ein Rückwärtslaufen von Kreiselpumpen führt zu erheblichen Schäden, besonders wenn die Pumpe mit Drucköl schmierung versehen ist.

Ergibt sich beim Probebetrieb ein zu hoher Pumpenenddruck, so kann er durch den Ausbau einer Stufe oder durch Abdrehen der Laufräder herabgesetzt werden. Beide Maßnahmen sind ein Notbehelf, weil sich durch jede von ihnen die Strömungsverhältnisse in der Pumpe verschlechtern.

56. Der Pumpenwärter muß mit der von der Lieferfirma ausgearbeiteten **Bedienungsvorschrift** für den Speisepumpensatz vollkommen vertraut sein. Außerdem muß er die Reihenfolge und Durchführung der Arbeitsvorgänge beim An- und Abstellen der Pumpensätze genau kennen. Erfahrungsgemäß erfolgen die meisten Störungen und Schäden an Speisepumpensätzen durch Bedienungsfehler beim An- und Abstellen.

Außer der Bedienungsvorschrift der Pumpenlieferfirma sind deshalb von der Betriebsleitung noch Bedienungsanweisungen auszuarbeiten, die die weiterhin auszuführenden Arbeiten beim An- und Abstellen der Pumpe in der richtigen Reihenfolge enthalten. Zu diesen Arbeiten gehören das Öffnen und Schließen der Absperrorgane, die Prüfung des Ölstandes, des Wasserstandes im Speisewasserbehälter, des Kühl- und Stopfbuchsenwasserabflusses, das An- und Abstellen der Ölschmierung usw. Diese Vorschriften sind dem zuständigen Meister und dem Pumpenwärter auszuhändigen.

57. Die **schnelle Inbetriebsetzung** von Speisepumpen im Gefahrenfall ist in jeder Woche einmal zu üben. Erfolgt sie selbsttätig, so sind die Regelvorrichtungen und Steuerungen täglich auf ihre Einsatzbereitschaft zu prüfen.

Die Absperrorgane in der Wasserzulauf- und Druckleitung der Notpumpe müssen stets geöffnet sein. Die Dichtheit des Rückschlagorganes in der Druckleitung ist laufend zu überwachen, damit die Pumpe nicht zum Rückwärtslaufen kommt.

Bei Wassertemperaturen über 100° C müssen schnell in Betrieb zu nehmende Pumpen dauernd angewärmt sein (s. 16). Besitzt die Pumpe eine mehrstufige Antriebsdampfturbine, so ist auch diese dauernd angewärmt zu halten. In diesem Falle sind die Lauf- und Leitschaufeln der Antriebsturbine aus korrosionsfesten Stählen herzustellen.

58. In Reserve stehende Kesselspeisepumpen müssen jederzeit betriebsbereit sein, um sie beim Ausfall einer Betriebspumpe sofort zuschalten zu können, damit keine Unterbrechung der Speisung eintritt. Der Betriebsleiter hat sich von der Anfahrbereitschaft der Reservepumpen durch probeweises Anfahren derselben zu überzeugen. Bei Reparaturen und Überholungen ist stets für die vorgeschriebene Pumpenreserve (s. 2 bis 5) zu sorgen. Zur Erhöhung der Betriebssicherheit empfiehlt es sich, die in Reserve stehenden Pumpen zeitweise als Betriebspumpen arbeiten zu lassen. In größeren Kraftwerken ist durch Eintragung in das Rohrleitungsschema oder durch Steckpläne bzw. Blindschaltbilder deutlich sichtbar zu machen

a) welche Speisepumpen in Betrieb,
b) ,, ,, betriebsbereit,
c) ,, ,, in Überholung sind.

59. Wird eine in Reserve stehende **Speisepumpe angelassen,** so ist sie bei Wassertemperaturen über 100° C vor dem Anlassen so anzuwärmen, daß keine Wärmespannungen in ihrem Gehäuse auftreten (s. 16).

Während der Inbetriebnahme ist die Anzeigevorrichtung für das Axialspiel des Pumpenläufers und bei mehrstufigen Antriebsturbinen auch dasjenige des Turbinenläufers zu beobachten. Übersteigt das Spiel die vom Lieferer festgesetzte Grenze, so ist die Drehzahl beim Anfahren vorübergehend herabzusetzen. Nach beendeter Inbetriebnahme der Pumpe sind die Axialspielanzeigevorrichtungen wieder außer Betrieb zu nehmen, damit sie nicht vorzeitig abgenutzt werden. Nur bei Nachprüfungen des Axialspieles der Entlastungsvorrichtung (s. 62) sind sie vorübergehend einzuschalten.

60. Beim Parallelschalten von Kreiselpumpen muß der Druck jeder zuzuschaltenden Pumpe mindestens 1 at über dem Druck in der Speisedruckleitung liegen, da sie sonst nicht fördert. Bei parallel arbeitenden Kreiselpumpen empfiehlt sich der Einbau einer Fördermengenanzeigevorrichtung an jeder Pumpe, um feststellen zu können, wie sie sich an der Gesamtförderung beteiligt.

61. Bei dampfangetriebenen Speisepumpen ist zu prüfen, ob sie die *Überdrehzahl* bei plötzlicher Entlastung und bei der Schnellschlußprobe schwingungsfrei aushalten. Die Schnellschlußprobe ist auszuführen, ehe der Pumpensatz zur Betriebsbereitschaft freigegeben wird. Das Ergebnis der Probe ist in das Betriebsbuch einzutragen. Zeigen sich bei der Schnellschlußprobe irgendwelche Unregelmäßigkeiten, so darf vor Beseitigung der festgestellten Mängel der Pumpensatz für den Betrieb nicht freigegeben werden.

62. Jedes **An- und Abstellen einer Speisepumpe** ist in das Betriebsbuch mit der Pumpenbetriebsnummer einzutragen. Weiterhin sind viertel- oder halbstündlich folgende *Ablesungen* zu machen und in das Betriebsbuch einzutragen:

Zulaufdruck,
Zulauftemperatur,
Förderdruck,
Wasserdruck bzw. Wassermenge in der Entlastungswasserleitung
(s. 49, 43),
Wassertemperatur im oder kurz nach dem Pumpendruckstutzen,
Öltemperaturen beim Ein- und Austritt, bzw. Lagertemperaturen,
Öldruck bei Druckölschmierung,
Kühlwassertemperaturen beim Austritt aus den Kühlstellen.

Bei elektrisch angetriebenen Pumpen ist die Leistungsaufnahme des Elektromotors einzutragen. Bei dampfangetriebenen Pumpen sind zusätzlich abzulesen und einzutragen:

Frischdampftemperatur,
Frischdampfdruck,
Gegendruck,
Steueröldruck.

Die Fördermenge jeder einzelnen Pumpe und bei dampfangetriebenen Pumpen der Dampfdurchsatz der Antriebsmaschine brauchen nicht laufend gemessen zu werden. Es genügen Messungen in Zeitabständen von etwa einem halben oder einem Jahr. Die Meßwerte sind ebenfalls in das Betriebsbuch einzutragen. Sind Fördermengenmeßgeräte an die Zulauf- oder Druckleitung der Speisepumpe angeschlossen (s. 30, 60), die laufend in Betrieb gehalten werden, so wird man sie ebenfalls viertel- bzw. halbstündlich mit ablesen und eintragen.

Zweckmäßig ist es, die Meßstellen zu numerieren und die Ablesungen unter die Meßstellennummern in das Betriebsbuch einzutragen.

Bei den in Betrieb befindlichen Speisepumpen ist mindestens jede Woche einmal, bei sich bereits zeigenden Abnutzungen der Entlastungsvorrichtung öfter, das Axialspiel des Pumpenläufers zu messen und in das Betriebsbuch einzutragen. Dieses Spiel ist ein Maß für die Abnutzung der Entlastungsvorrichtung (s. a. 49). Im allgemeinen darf diese Abnutzung bei Speisepumpen mit Fördermengen bis zu 200 t/h den Wert 1,0 bis 1,5, bei Speisepumpen mit Fördermengen über 200 t/h den Wert 2,0 mm nicht übersteigen.

Es empfiehlt sich, die abgelesenen Hauptwerte graphisch aufzutragen. Abweichungen von den üblichen Werten sind beim Eintragen in das Betriebsbuch auffallend zu kennzeichnen und sofort dem Betriebsleiter zu melden.

Schwankungen in der Anzeige der Meßinstrumente und Überschreitungen von Grenzwerten sind besonders zu beachten und ebenfalls dem Betriebsleiter sofort zu melden. Hieraus können wichtige Folgerungen auf den Betriebszustand der Pumpe oder der Antriebsmaschinen gezogen werden.

Starkes Flattern in der Anzeige des Manovakuummeters am Wasserzulaufstutzen der Pumpe deutet auf Dampfbildung in der Zulaufleitung hin. Da damit eine unmittelbare Gefahr für die Pumpe vorliegt, sind sofort geeignete Maßnahmen (s. 23) zur Beseitigung der Dampfbildung zu treffen oder die Pumpe ist abzustellen.

Es empfiehlt sich, die Erhöhung der Wassertemperatur zwischen Pumpeneintritt und Pumpenaustritt bei jeder neu in Betrieb genommenen Kreiselpumpe bei verschiedenen Fördermengen festzustellen und als Kurve aufzutragen. Wird der Temperaturunterschied bei einer bestimmten Fördermenge auch nur um einige Grade höher, als sie bei derselben Fördermenge nach der aufgetragenen Kurve sein soll, so ist auf einen Wasserdurchbruch zwischen zwei Pumpenstufen zu schließen. Dieser tritt ein, wenn Löcher durch die Pumpenleiträder gefressen sind.

Es empfiehlt sich weiterhin, in Abständen von etwa 6 Monaten die Pumpenkennlinie (s. 19) für den in Betracht kommenden Fördermengenbereich erneut festzustellen. Ein Vergleich dieser Kennlinie mit derjenigen der neuen Pumpe läßt das Maß der Abnutzung an den Lauf- und Leiträdern erkennen.

63. Außer den zu machenden Betriebsablesungen (s. 62) hat der **Pumpenwärter zu achten:**

auf ruhigen Lauf der Pumpen, bei drehzahlgeregelten Kreiselpumpen auch auf richtiges Arbeiten der Drehzahlverstellvorrichtung,

auf einwandfreies Arbeiten der Ölversorgung,

auf richtigen Ablauf des Kühl- und Entlastungswassers,

auf Dichtheit der Stopfbuchsen und des Pumpengehäuses.

Unregelmäßigkeiten im Lauf und Auftreten von Geräuschen in der Pumpe oder in der Antriebsmaschine sind umgehend dem Betriebsleiter zu melden.

Der Pumpenwärter hat sich weiterhin zu überzeugen, ob die Schieber in den Wasserzulauf- und Druckleitungen bei laufenden

Pumpen ganz geöffnet, bei stillstehenden Pumpen ganz geschlossen sind, das Rückschlagorgan einwandfrei arbeitet bzw. bei stillstehenden Pumpen kein Wasser durchläßt, usw.

64. Das **Speisewasser** muß alkalisch sein, um einen Angriff auf die Werkstoffe der Pumpeninnenteile zu verhindern. Die Alkalität des Wassers wird durch seine Wasserstoffionenkonzentration gemessen. Weil dieser Wert sehr klein ist, wird der negative Logarithmus der Wasserstoffionenkonzentration angegeben, der als p_H-Wert bezeichnet wird. Neutrales Wasser hat bei 23° C eine Wasserstoffionenkonzentration von 10^{-7} oder einen p_H-Wert von 7. Alkalisch ist ein Wasser, wenn sein p_H-Wert bei einer bestimmten Temperatur über den zu dieser Temperatur gehörenden p_H-Wert des neutralen Wassers liegt [6].

Bei der Ermittlung des p_H-Wertes von Wasser ist zu beachten, daß die p_H-Werte mit steigender Wassertemperatur fallen. Erfolgt die Messung üblicherweise bei 20° C, so muß bei dieser Temperatur der p_H-Wert um so höher liegen, je höher die Temperatur des zu fördernden Wassers ist. Soll z. B. das Wasser in der Speisepumpe den p_H-Wert 7,5 haben, so muß bei einer Wassertemperatur

von 150° C in der Speisepumpe der p_H-Wert 8,76,

von 200° C in der Speisepumpe der p_H-Wert 8,86,

bei 20° C gemessen, betragen.

Wird der p_H-Wert durch Zusatz von Chemikalien erhöht, so erhöht sich in der Regel der Salzgehalt des Kesselwassers, wodurch ein schnelleres Versalzen der Kraftwerksturbinen eintreten kann. Deshalb empfiehlt es sich, den erforderlichen p_H-Wert durch Zusatz der flüchtigen Base Ammoniak einzustellen. Das gilt besonders für die auf Einspeisung eines salzarmen Wassers angewiesenen Zwangdurchlaufkessel. Im übrigen arbeiten einige Hochdruckdampfkraftwerke ohne Säurekorrosion in Kesselspeisepumpen mit p_H-Werten im Speisewasser zwischen 6,8 und 7,2, gemessen bei 20° C, wobei die Speisewassertemperaturen in den Pumpen rd. 130° C und höher sind. Diese Arbeitsweise setzt jedoch sauerstofffreies Speisewasser voraus.

65. Der **Druckabfall des Siebes im Speisewasserbehälter oder in der Zulaufleitung zur Pumpe** (s. 27) ist durch ein Differentialmanometer jede Woche einmal zu messen, um Siebverschmutzungen festzustellen. Bei einer Steigerung des bei der Inbetriebnahme gemessenen Druckunterschiedes um etwa 20 % ist das Sieb zu reinigen. Ist keine Meßmöglichkeit für den Siebwiderstand vorgesehen, so ist das Sieb nach der ersten Inbetriebsetzung des Kraftwerks und nach Arbeiten an Rohrleitungen und Behältern alle 4 Wochen nachzusehen und gegebenenfalls zu reinigen. Nach etwa einem $^1/_2$ Jahr kann dieser Zeitzwischenraum bis auf 12 Wochen erhöht werden.

66. Nach dem **Abstellen einer Pumpe** ist sofort festzustellen, ob das Rückschlagorgan in der Pumpendruckleitung dicht abgeschlossen hat.

Die Speisepumpe bleibt während ihrer Stillstandszeit am besten mit Wasser gefüllt. Im Winter sind gegen Einfriergefahr geeignete Maßnahmen zu treffen.

Bei dampfangetriebenen Pumpen muß das Eintreten von Sickerdampf in die Antriebsturbine bzw. Antriebsdampfmaschine verhindert werden. Durch Einbau von je zwei Absperrorganen in die Dampfzu- und Dampfableitung mit dazwischenliegendem Entlüftungsventil läßt sich das erreichen (s. a. 15).

Zeigen sich in der ersten Betriebszeit an den Gehäuseringgliedern einer Kreiselpumpe leichte Undichtheiten, so sind die Verbindungsbolzen nachzuziehen. Bei Hochdruckpumpen ist dabei die Längung der Verbindungsbolzen zu beachten (s. 38). Spätere Undichtheiten dürfen nicht mehr durch weiteres Nachziehen der Verbindungsbolzen zu beheben versucht werden. Die Pumpe ist dann auseinanderzunehmen und die Dichtflächen sind nachzuarbeiten.

Müssen beim Wiederanfahren einer Speisepumpe besondere Maßnahmen beachtet werden, so ist durch ein an sie angebrachtes Schild darauf hinzuweisen.

67. Das Anbringen von **Betriebsschildern** an jede Pumpe ist zu empfehlen. Man versieht sie zweckmäßigerweise mit folgender Aufschrift:

Erste Inbetriebsetzung am ...
Letzte Überholung am ...
Betriebsstunden seit der letzten Überholung ...
Betriebsstunden gesamt ...
Letzter Ölwechsel am ...
Letzte Ölreinigung am ...
Betriebsstunden der Ölfüllung seit dem letzten Ölwechsel ...
Betriebsstunden der Ölfüllung seit der letzten Ölreinigung ...
Antriebsmaschinen erhalten ein gleiches Betriebsschild.

68. Für den **Betrieb mit Kolbenpumpen als Kesselspeisepumpen** gelten die Punkte 53, 54, erster Satz von 55, 56, erster Absatz von 57, 58, erster Absatz von 59.

Für die Eintragung in das Betriebsbuch (s. 62) sind folgende Ablesungen ausreichend:

a) für die Pumpe
    Zulaufdruck,
    Zulauftemperatur,
    Förderdruck.
b) für die Antriebsdampfmaschine
    Frischdampftemperatur,
    Frischdampfdruck,
    Gegendruck.
c) bei elektrisch angetriebenen Pumpen die Leistungsaufnahme
    des Elektromotors.

Halbstündliche Ablesungen sind in Kraftwerken für niedrige und mittlere Betriebsdrücke ausreichend.

Außerdem gelten der fünfte und siebente Absatz von 62, die Punkte 64, 65, der erste, zweite, dritte und fünfte Absatz von 66.

Der Pumpenwärter hat zu achten (s. 63)
auf ruhiges Arbeiten der Pumpen,
auf richtige Schmierung,
auf Dichtheit der Stopfbuchsen und des Pumpenkörpers,
auf richtige Öffnungs- und Schließstellung der Absperrorgane.

Das Betriebsschild jeder Pumpe (s. 67) braucht nur folgende Aufschrift zu haben:
    Erste Inbetriebsetzung am ...
    Letzte Überholung am ...
    Betriebsstunden seit der letzten Überholung ...
    Betriebsstunden gesamt ...

69. Injektoren (Dampfstrahlpumpen) werden in kleinen Kesselanlagen oft als zweite Speisevorrichtung verwendet, in größeren Kraftwerken aber auch zum Leerpumpen von Wassergruben usw. Für ihren Betrieb sind folgende Punkte zu beachten:

Offene Injektoren sind stehend anzuordnen.

Zu- und Ableitungen müssen mindestens den Durchmesser der Injektorenanschlüsse haben.

Ein einwandfreies Arbeiten ist nur mit trockenem Dampf möglich. Zudampfleitungen müssen deshalb vor der Inbetriebnahme des Injektors entwässert werden.

Injektoren saugen nur kaltes Wasser an. Die Temperaturgrenze liegt bei etwa 40° C. Bei Dampfkesselspeisung soll ihnen das Wasser möglichst zufließen.

Öftere Reinigung der Injektoren ist erforderlich, weil sie sich leicht mit Kesselstein zusetzen.

Injektoren für Kesselspeisung sind täglich mindestens einmal auf richtiges Arbeiten zu prüfen.

III. Planmäßige Reinigungen und Überholungen.

70. Kreiselpumpen sind nach etwa einjährigem Betrieb auseinanderzunehmen und nachzusehen. Weitere Überholungen sind in Abständen von 8000 bis 12000 Betriebsstunden vorzunehmen, wenn sich nicht bereits vorher im Pumpenbetrieb Unregelmäßigkeiten zeigen. Der Zeitraum von 8000 Betriebsstunden gilt für Pumpen mit Drehzahlen über etwa 4000 U/min, der andere für Pumpen mit niedrigeren Drehzahlen.

Zweckmäßigerweise werden Überholungen von Speisepumpen zur gleichen Zeit vorgenommen wie diejenigen der zugehörigen Kessel. Um die Pumpe in der Werkstatt sachgemäß überholen zu können, empfiehlt es sich, einen vollständig gleichen Pumpensatz in Bereitschaft zu halten, der auf die Grundplatte des zu überholenden Pumpensatzes gesetzt wird. Diese Maßnahme ist nicht erforderlich, wenn eine ausreichende Zahl fest eingebauter Reservepumpensätze vorhanden ist.

71. Für die **Überholungen** sind von der Betriebsleitung *Zeitpläne* aufzustellen. Außerdem ist für jede Speisepumpe ein *Reparatur- oder ein Lebensbuch* durch den zuständigen Meister zu führen. In diese Bücher sind alle durchgeführten Instandsetzungsarbeiten und der Ersatz von Teilen einzutragen und anzugeben, wann sie erfolgt sind. Das Buch ist der Betriebsleitung alle drei Monate vorzulegen.

Über den Befund der Pumpeninnenteile ist nach dem Öffnen der Pumpe und vor Ausführung der Instandsetzungsarbeiten ein Bericht zu verfassen. Die mutmaßliche Ursache von eingetretenen Schäden ist festzustellen und im Bericht anzugeben. Diese Berichte sind auch in das Lebensbuch einzutragen oder einzuheften. Das Lebensbuch bzw. die Berichte und das Reparaturbuch geben dann jederzeit Aufschluß über den Zustand der Pumpe.

72. Die **Prüfung der Pumpeninnenteile** hat sich vor allem zu erstrecken auf

Korrosionen, Erosionen, sonstige Abnutzungserscheinungen.

Feststellung der Spalten und Spiele des Läufers und der Entlastungsvorrichtung,

Wasserwege und bei Ölumlaufschmierung Schmierölkreislauf wegen Verschmutzungen,

Lager und Welle.

Die stärkste Abnutzung erfolgt im allgemeinen an den Dichtungsringen, Grund- und Stopfbuchsen und an der Entlastungsvorrichtung.

73. Zur Prüfung und Überholung des Pumpensatzes gehört auch die **Prüfung und Instandsetzung der Antriebsmaschinen,** der

Getriebe, der Regel- und Meßgeräte, der Absperrorgane in der Wasserzulauf- und Druckleitung, bei dampfangetriebenen Pumpen auch derjenigen in der Frisch- und Abdampfleitung. Besondere Sorgfalt ist dem Rückschlagorgan in der Pumpendruckleitung zuzuwenden. Hier setzen sich leicht Ablagerungen aus dem Speisewasser an, die vollständig entfernt werden müssen. Eine mit dem Rückschlagventil verbundene Wasserabströmvorrichtung (s. 37) ist mit diesem zusammen auf richtige Einstellung und einwandfreies Arbeiten zu prüfen.

Prüfung und Instandsetzung der Antriebsdampfturbinen s. Heft 4,
„ „ „ „ Antriebselektromotoren s. Heft 9,
„ „ „ „ Regel- und Meßgeräte s. Heft 8,
„ „ „ „ Armaturen s. Heft 6.

74. Ist ein **Auswechseln der Pumpenwelle** erforderlich, so sind mit der neuen Welle auch dazu passende neue Lager einzubauen. Auf keinen Fall darf die neue Welle in alten Lagern laufen. Weisen die vorhandenen Lagerschalen gar keinen Verschleiß auf, so dürfen sie nur wieder verwendet werden, nachdem sie sauber auf die neue Welle auftuschiert sind und auch sonst einwandfrei passen. Die Welle muß so gut ausgerichtet werden, daß sie in den Lagern und in allen Stopfbuchsen einwandfrei rund läuft.

75. Für ein gutes **Dichthalten der Stopfbuchsen** ist ein vollkommen ruhiger und erschütterungsfreier Lauf der Pumpe Voraussetzung.

Beim Einbringen der Stopfbuchsenpackung ist auf richtige Packungsstärke und geeigneten Verpackungswerkstoff (s. 44 u. 47) zu achten. Eine nicht richtig passende Packung darf nicht durch Hämmern zusammengequetscht oder durch Hineinpressen mit der Stopfbuchsenbrille auseinandergedrückt werden. Zopfförmige Packungen müssen in passende Ringe geschnitten werden. Die Schnitte sind sauber auszuführen und schräg zu legen. Beim Aufpassen des Packungsringes auf die Wellenschutzbuchse müssen die schrägen Schnittflächen zusammenstoßen, während der Ring den Wellenschutzbuchsenumfang dicht umschließt. Beim Einbau der

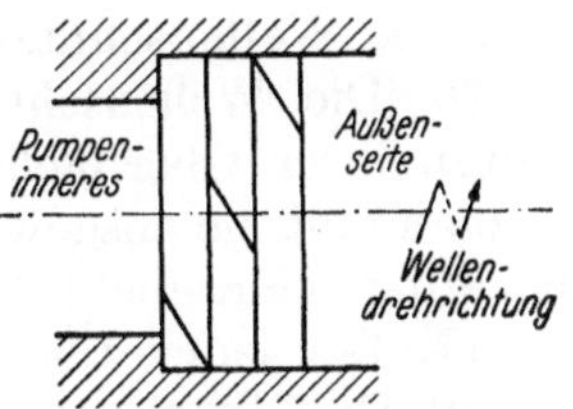

Abb. 17. Einbau von Stopfbuchsenpackungen.

Packungsringe in das Stopfbuchsengehäuse ist darauf zu achten, daß die Schnittflächen der einzelnen Ringe gegeneinander versetzt sind und zu der Wellendrehrichtung so liegen, wie es Abb. 17 zeigt. Werden fertige Packungsringe eingebaut, die natürlich ebenfalls genau passen müssen, so sind sie vor dem Einbau seitlich so weit aufzubiegen, bis sie über die Wellenschutzbuchse geschoben werden können (s. Abb. 18). Auf keinen Fall dürfen fertige Packungsringe radial nach außen aufgebogen und dann wieder nach innen zusammengedrückt werden. Die Packungsringe sind nacheinander mit einem passend zugeschnittenen Holzstück vorsichtig auf den Grund des Packungsraumes zu drücken.

Stopfbuchsen müssen schon bei leichtem Anziehen der Schrauben praktisch dicht halten. Es sollen aber im Betriebe dauernd einige Wassertropfen durch die Packungsringe austreten, weil dadurch die Packung feucht gehalten und ein Festbrennen auf der Wellenschutzbuchse vermieden wird. Bei zu starkem Anziehen reiben die Packungsringe auf der Wellenschutzbuchse und die Stopfbuchse wird warm. Dann nutzen sich die Packungsringe und die Wellenschutzbuchse vorzeitig ab.

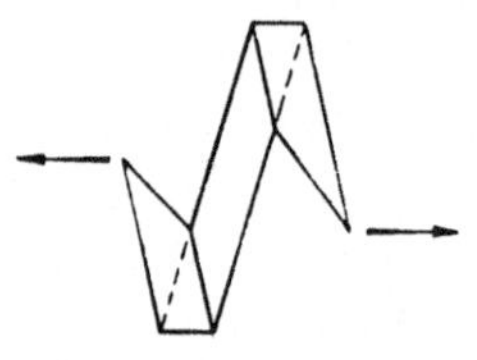

Abb. 18. Aufbiegen fertiger Packungsringe für Stopfbuchsen vor dem Aufschieben auf die Wellenschutzbuchse.

Das Anziehen und Nachziehen von Stopfbuchsenpackungen muß auf ihrem Umfang gleichmäßig erfolgen. Schief angezogene Pakkungen führen zu einem baldigen Verschleiß der Packungsringe und der Wellenschutzbuchse.

Bei Metallpackungen darf die Stopfbuchse nicht nachgezogen werden. Ist die Stopfbuchse nicht dicht, so sind die Metallpackungsringe auszuwechseln. Gleichzeitig ist die Ursache des Undichtwerdens festzustellen. Meistens wird sie in nicht genau passenden Ringen oder in Riefenbildungen auf der Wellenschutzbuchse zu suchen sein.

Muß eine **Stopfbuchsenpackung** erneuert werden, so ist die alte restlos zu entfernen, weil entfettete und verschmutzte Packungsteile die Wellenschutzbuchse angreifen.

76. Die **Wellenschutzbuchse** ist bereits bei geringen Unebenheiten ihrer Oberfläche glatt zu schleifen. Bei stärkeren Abnutzungen muß sie ausgewechselt werden, weil sonst die Stopfbuchsenpackung nicht dicht hält und bald zerstört wird.

77. Bei jeder **Überholung des Pumpensatzes** ist das *Öl* abzulassen. Die Ölkammern sind gründlich zu reinigen. Bei Pumpensätzen mit Umlaufschmierung sind alle Teile des Ölkreislaufes innen sorgfältig zu reinigen (s. a. 90). Vor der Wiederinbetriebnahme des Pumpensatzes ist geeignetes Öl einzufüllen.

78. Kolbenpumpen sind alle 6000 bis 8000 Betriebsstunden zu überholen, falls sich nicht schon vorher Mängel zeigen, die eine frühere Überholung notwendig machen. Innerhalb der angegebenen Betriebszeit sind etwa alle 600 bis 800 Betriebsstunden Nachprüfungen der Steuerorgane auf richtige Einstellung vorzunehmen,

alle 1400 bis 2000 Betriebsstunden die Stopfbuchsenpackungen zu erneuern.

79. Stopfbuchsenpackungen für Kolbenpumpen werden durch die hin und her gehende Bewegung der Kolbenstange wesentlich stärker beansprucht als diejenigen von Kreiselpumpen. Sie sind also besonders gut zu pflegen. Für das Einbringen der Packungen gelten die im Punkt 75 gemachten Ausführungen.

80. Kolbenpumpenzylinder, die oval geworden sind, müssen ausgebohrt und nachgeschliffen werden. Die zugehörigen Kolben sind dann zu erneuern. Wird im Zylinder nur eine geringe Unrundheit festgestellt, so genügt meistens schon ein Auswechseln der Kolbenringe.

81. Leicht riefige **Kolbenstangen** werden überdreht und geschliffen. Ein Nachschleifen ist auch erforderlich, wenn nur kleine Unebenheiten oder Spuren von Riefen erkennbar sind. Sind bereits tiefe Riefen vorhanden, so ist die Kolbenstange auszuwechseln.

Die Gelenke der *Steuerstangen* sind bei Bedarf neu auszubuchsen. Ein Neuausbuchsen ist bei größerem Spiel notwendig. Undichte Steuerkolben sind auszuwechseln.

82. Saug- und Druckventile müssen öfter eingeschliffen werden. Bei stärkerem Verschleiß sind sie vor dem Einschleifen zu überdrehen.

83. Die überholte **Kolbenpumpe** ist *nach dem Zusammenbau* vorsichtig anzufahren. Dabei wird das Steuergestänge richtig eingestellt. Sie soll dann eine längere Zeit mit kleiner Hubzahl gefahren werden, damit sie gut einläuft.

IV. Besondere Betriebstörungen, Schadensfälle und ihre Ursachen.

84. Die meisten **Störungen an Kreiselpumpen** für Hochdruckkesselspeisung erfolgen durch Anfressungen der Innenteile. Sie treten besonders an Stellen auf, an denen

    a) das Speisewasser eine Druckentlastung erfährt,

    b) Wirbelbildungen auftreten,

    c) größere Wassergeschwindigkeiten vorhanden sind,

    d) scharfe Ablenkungen in der Wasserführung eintreten.

Druckentlastungen treten hauptsächlich auf

a) im Dichtungsspalt der Laufräder,
b) am Wellendurchgang von einer Pumpenstufe zur anderen,
c) an der hydraulischen Entlastungsvorrichtung.

Wirbel entstehen im Pumpeninnern, wenn mit Teillasten gearbeitet wird. Je kleiner diese sind, desto größer wird die Wirbelbildung. Auch deshalb sollen Kreiselpumpen mit nicht zu geringen Fördermengen arbeiten (s. 37).

Nach den bisher vorliegenden Erfahrungen scheinen die meisten Anfressungen der Pumpeninnenteile nicht auf Säurekorrosionen, sondern auf eine der vorstehend aufgeführten Ursachen zurückzuführen sein.

Erfahrungsgemäß haben Kreiselpumpen, die Wasser mit Temperaturen über 150° C fördern müssen, mehr Anfressungen als andere. Als weitere Nachteile dieser Pumpen sind aufzuführen:

der größere Kraftbedarf (s. 1),

die größere Wasserzulaufhöhe und der größere Durchmesser der Zulaufleitung (s. 21, 26).

die Schwierigkeiten beim schnellen Anfahren (s. 57, 59).

die größere Störanfälligkeit.

Aus diesen Gründen sollten Kesselspeisepumpen möglichst vor den Hochdruckspeisewasservorwärmern angeordnet werden.

85. Durchbiegungen der Pumpenwelle verursachen ebenfalls viele Störungen. Hier liegt die Ursache gewöhnlich in einer zu knappen Bemessung des Pumpenwellendurchmessers oder im nicht sorgfältigen Auswuchten des Läufers (s. 40) oder in einer Verformung des Gehäuses durch den Betriebsdruck bzw. durch Wärmedehnungen.

86. Bei gleichmäßig aufeinander folgenden Schlägen in elektrisch angetriebenen Pumpen liegt der Fehler im Elektromotor, der nachzuprüfen ist.

87. Bei einem Nachlassen der Fördermenge von Kolbenpumpen ist nachzusehen, ob der Kolben oder die Kolbenmanschetten abgenutzt oder schadhaft sind.

Saugt die Kolbenpumpe an, so kann das Nachlassen der Fördermenge noch folgende Ursachen haben:

a) das Saugventil ist verschmutzt, verschlissen oder zerbrochen,
b) das Fußventil ist undicht,
c) die Stopfbuchse ist undicht,
d) das Schnüffelventil ist undicht oder offen,
e) die Saughöhe ist durch Absinken des Wasserspiegels zu groß geworden.

88. Ein **Schlagen in der Druckleitung von Kolbenpumpen** oder in dieser selbst kann folgende Gründe haben:

a) einzelne Kolbenringe oder Ventilfedern sind zerbrochen,

b) die Steuerung ist nicht richtig eingestellt,

c) das Saugventil ist stark undicht.

89. Um **Schäden an Kesselspeisepumpen** auswerten und Schlußfolgerungen über die Ursache von Schäden ziehen zu können, sind bei jeder Beschreibung von Schäden an Kreiselpumpen folgende Angaben zu machen:

Lieferfirma,

Baujahr,

Stufenzahl,

Kennlinie,

Antriebsart,
Förderleistung,
Antriebsleistung an der Pumpenkupplung,
Ein- und Austrittsdruck des Wassers,
} bei Normal- und Maximalleistung der Pumpe

Wassertemperatur in der Pumpe,

Druck hinter dem Drosselorgan bei Pumpen ohne Drehzahlregelung,

Werkstoffe im Pumpeninnern,

Ungefähre Betriebszeit mit den einzelnen Förderleistungen während der Betriebsperiode.

Bei Schäden an Kolbenpumpen sind entsprechende Angaben zu machen.

V. Konservierung und Wartung bei längerer Stillegung.

90. Die *Pumpen* sind auseinanderzunehmen und gegebenenfalls zu überholen. Die Ölfüllung ist abzulassen. Alle Teile sind gründlich zu säubern. Sämtliche reibenden und gleitenden Teile sind gut einzufetten, alle blanken Teile entweder einzufetten oder mit Rostschutzlack zu streichen. Die Schmiervorrichtungen und Schmierstellen der Lager sind mit Trichloräthylen zu reinigen, damit an diesen Stellen kein Verharzen des Öles eintritt. Vor der Verwendung von Trichloräthylen und anderen brandgefährlichen oder gesundheitsschädlichen Reinigungsmitteln sind von der Betriebsleitung dem Reinigungspersonal Gebrauchsanweisungen und Verhaltungsregeln zu geben. Aus den Stopfbuchsen sind Dichtungsringe und Packungsstoffe sauber zu entfernen. Neue Dichtungsringe werden erst kurz vor Wiederinbetriebnahme der Pumpe eingebaut (s. 92). Nach beendeter Überholungs- und Reinigungsarbeit ist die Pumpe wieder zusammenzubauen. Ölfüllung wird nicht gegeben.

Die Wasserzulaufleitung jeder Pumpe ist am Speisewasserbehälter oder an den Sammelleitungen, die Druckleitung an den Drucksammelleitungen durch Blindflansche abzusperren. Bei dampfangetriebenen Pumpen sind auch die Dampfzu- und Dampfableitungen blind abzuflanschen. Alle Blindflanschen müssen hervorstehende Nasen haben, damit sie von außen leicht erkennbar sind. Bei elektrisch angetriebenen Pumpen sind die Zuleitungen zum Antriebsmotor vom Netz zu trennen.

Kühlwasserleitungen sind von der Pumpe zu trennen, um das Eindringen von Wasser oder Feuchtigkeit in die Pumpe zu verhindern. Entleerungen und Entlüftungen der Pumpe bleiben offen.

Getriebe sind aufzunehmen. Das Öl ist abzulassen und das Fett zu entfernen. Die Innenteile sind zu reinigen und mit neuem Fett gut einzufetten. Dann ist das Getriebe wieder zu schließen.

Kolbenpumpen sind wie vorstehend angegeben zu behandeln. Bei ihnen sind außerdem noch die Ventilkästen aufzunehmen, Ventile und Gehäuse zu trocknen und gut einzufetten. Ventile sind erforderlichenfalls einzuschleifen. Dann sind die Ventilkästen wieder zusammenzubauen. Evtl. Gummiplatten auf der Saug- und Druckseite sind auszubauen und in Ätznatron-Lauge (1 g NaOH auf 1 Liter Wasser) im Reserveteillager aufzubewahren.

Injektoren sind mit den anschließenden Rohrleitungen zu entwässern und gut auszutrocknen. Die Rohrleitungen sind dann blind abzuflanschen.

91. Während der Konservierungszeit ist das Pumpeninnere von Zeit zu Zeit auf Schwitzwasserbildung nachzuprüfen. Diese Nachprüfung ist besonders bei Eintritt kälterer Umgebungstemperatur notwendig. Schwitzwasserbildungen sind durch Zufuhr von warmer Luft zu unterbinden.

Halbjährlich sind erforderlichenfalls alle außenliegenden blanken Teile neu einzufetten oder mit einem neuen Rostschutzanstrich zu versehen.

Vierteljährlich sind bei Kreiselpumpen die Läufer um 90° zu drehen, bei Kolbenpumpen die Kolben von Hand zu bewegen und in eine andere Stellung zu bringen. Vorher sind die Lager und die reibenden und gleitenden Flächen leicht zu ölen. Alle Armaturen und die Steuer- und Regeleinrichtungen sind auf Gangbarkeit zu prüfen.

Zur Drehung des Kreiselpumpenläufers dürfen nicht die Rasten der elastischen Kupplung benutzt werden.

92. Vor der **Wiederinbetriebnahme konservierter Pumpen** sind das für die Konservierung aufgetragene Fett und der Rostschutzanstrich zu entfernen. Die Lager sind mit Benzol auszuwaschen, zu ölen und mit Öl zu füllen. Bei Ringschmierlagern ist zu prüfen, ob sich die Ringe frei bewegen können. Alle Ölbehälter sind mit Ölfüllung zu versehen. Die in den Wasserzulauf- und Druckleitungen der Pumpe und in den Dampfleitungen der Antriebsmaschine eingebauten Blindflansche sind auszubauen. Kühlwasserleitungen sind wieder anzuschließen. Alle Armaturen, Steuer- und Regelorgane sind auf Gangbarkeit zu prüfen und in Betriebsstellung zu bringen. Die Stopfbuchsen sind zu verpacken. Die im Reserveteillager aufbewahrten Gummiplatten (s. 90) sind zu untersuchen und wenn sie sich noch als brauchbar erweisen, wieder einzubauen.

Vorhandene Getriebe sind von eingedrungenem Schmutz zu säubern und mit geeignetem Öl und Fett zu füllen.

Die Läufer von Kreiselpumpen sind etwas von Hand zu drehen, die Kolben von Kolbenpumpen ein Stück zu verschieben.

93. Über die Konservierung, Wartung während der Konservierungszeit und Wiederinbetriebnahme nach beendeter Konservierung von

Antriebsdampfturbinen s. 4. Heft,
Antriebselektromotoren s. 9. Heft,
Regel- und Meßgeräte s. 8. Heft,
Armaturen s. 6. Heft.

VI. Ersatzteilhaltung.

94. Für alle Pumpenteile, die erfahrungsgemäß einer größeren Abnutzung unterliegen, sind Ersatzteile im Reserveteillager zu halten. Dazu gehören:

Laufräder und Leiträder,
Entlastungsvorrichtungen,
Laufringe, Wellenschutzbüchsen und sonstige Büchsen,
Stopfbuchsen und Packungsmaterial,
Lagerschalen, Schmierringe,
Rückschlagkappen ohne und mit Wasserabströmvorrichtungen.

Stopfbuchsenpackungen und sonstiges Packungsmaterial sind in gutschließenden Büchsen aufzubewahren.

Zu Zeiten, in denen Ersatzteile schwierig zu beschaffen sind, müssen die wichtigsten Pumpenteile in größerer Zahl auf Lager gehalten werden.

Sind mehrere Pumpen gleicher Größe und Bauart im Kraftwerk eingebaut, so empfiehlt sich die Lagerhaltung eines vollständigen Reserveläufers oder eines vollständigen Pumpensatzes (s. 70).

Über die Lagerhaltung von Ersatzteilen

für Antriebsdampfturbinen	s. 4. Heft,
für Antriebselektromotoren	s. 9. Heft,
für Regel- und Meßgeräte	s. 8. Heft,
für Armaturen	s. 6. Heft.

Schrifttum.

[1] Jaeger-Ulrichs: Bestimmungen über Anlegung und Betrieb der Dampfkessel. 5. Aufl. Berlin: Heymann 1926, und die später erlassenen Bestimmungen.

[2] Sicherheitstechnische Vorschriften für Landdampfkessel. Zusammengestellt vom Fachverband Dampfkessel-, Behälter- und Rohrleitungsbau, Düsseldorf. Augsburg: Beyschlag 1946.

[3] Z. VDI Bd. 79 (1935) S. 311, Abb. 17.

[4] Pfleiderer, C.: Die Kreiselpumpen für Flüssigkeiten und Gase. 3. Aufl. S. 237—294. Berlin: Springer 1949.

[5] Hütte: Des Ingenieurs Taschenbuch 27. Aufl. Bd. II, S. 235. Berlin: Ernst und Sohn 1944.

[6] Richtlinien für die Aufbereitung von Kesselspeisewasser und Kühlwasser, RZ 528, 531. Hrsg. von der Vereinigung der Großkesselbesitzer, 4. Aufl. Essen: Vulkan-Verlag 1950.

Sachverzeichnis.

Die Zahlen bedeuten Seitenzahlen, die eingeklammerten Abschnitte.

Leipziger Druckhaus VEB, Leipzig (M 115).
Gen.-Nr. 721/93/50